Drei Schritte zu einem integrierten nachhaltigen System der Unternehmensführung

Frank Herdmann, Mathias Wernicke

Drei Schritte zu einem integrierten nachhaltigen System der Unternehmensführung

Was eine Führungskraft in einem KMU wissen sollte

1. Auflage 2022

Herausgeber:
DIN Deutsches Institut für Normung e. V.

Beuth Verlag GmbH · Berlin · Wien · Zürich

Herausgeber: DIN Deutsches Institut für Normung e. V.

© 2022 Beuth Verlag GmbH
Berlin · Wien · Zürich
Am DIN-Platz
Burggrafenstraße 6
10787 Berlin

Telefon: +49 30 2601-0
Telefax: +49 30 2601-1260
Internet: www.beuth.de
E-Mail: kundenservice@beuth.de

Satz: Beuth Verlag GmbH, Berlin

Druck: PrintGroup, Szczecin

Gedruckt auf säurefreiem, alterungsbeständigem Papier nach DIN EN ISO 9706

ISBN 978-3-410-31129-4
ISBN (E-Book) 978-3-410-31130-0

Über die Verfasser

Dr. Frank Herdmann

Frank Herdmann ist eine Führungskraft der ersten Ebene mit Erfahrungen in rechtlichen, wirtschaftlichen und organisatorischen Bereichen sowie nachgewiesenen Erfolgen bei der Effizienzsteigerung von Unternehmen. Er wurde in den USA und Europa ausgebildet und hat besondere Erfahrungen mit komplexen Aufgaben sowohl im Umfeld von Organisationen der öffentlichen Hand als auch von privaten Unternehmen.

Herdmanns Branchenhintergrund liegt im Bankgeschäft, Kompensationshandel und in Immobilien. Seit 2009 ist er als Inhaber der Auxilium Management Service Berater mit Schwerpunkt auf KMUs. Er ist Autor diverser Veröffentlichungen aus den Bereichen Rechtsgeschichte, Compliance Management, Risiko-, Wissens- und Krisenmanagement sowie zu Managementsystemen und Resilienz.

Herdmann ist im DIN stellvertretender Obmann des NA 175 BR Beirat des DIN-Normenausschusses Organisationsprozesse (NAOrg), Obmann des NA 175 BR-02 SO Überarbeitung des Annex SL, Obmann des NA 175-00-05 GA Sicherheit und Business Continuity und Obmann im NA 175-00-04 AA Grundlagen des Risikomanagements. DIN hat ihn zum ISO/TC 262 Risk Management und zum ISO/TC 292 Security and Resilience als deutschen Experten entsendet, wo er an der letzten Überarbeitung der ISO 31000 und der ISO 22301 sowie der Erarbeitung des IWA 31 beteiligt war sowie Projektleiter für die Revision der ISO 28000 war. Er war Delegierter des DIN in der ISO/TMBG/JTCG/TF 14 Revision of the High Level Structure for MSS während der letzten Überarbeitung des Annex SL (ISO Directives) und ist Delegierter des ISO/TC 292 zur ISO/TMBG/JTCG/TF 15 Proposals for the Future Direction of ISO Management System Standards und zur ISO/TMBG/JTFRiaT Joint Task Force on the Concept of Risk and Associated Terms. Herdmann ist promovierter Rechtshistoriker, Rechtsanwalt sowie Autor mehrerer Publikationen zum Compliance- und Risikomanagement.

Dipl.-Ing. (Univ.) Mathias Wernicke

Mathias Wernicke hat über 35 Jahre Erfahrung in der Anwendung, Gestaltung und Zertifizierung von Managementsystemen. Er war viele Jahre Leiter BMS und Zertifizierung bei EADS und Airbus Defence and Space. Er ist freiberuflicher Trainer der DGQ mit branchenübergreifendem Einsatzfeld, im speziellen bei adaptierten Lehrinhalten im Inhouse-Bereich. Er engagiert sich im Leitungskreis des DGQ Fachkreises Audit und Assessment, welcher sich dem Austausch von „Best practices" und der Entwicklung praxisnaher Umsetzungshilfen für die Mitglieder der DGQ verschrieben hat.

Er hatte bis Ende 2019 den Vorsitz im DIN-Normenausschuss Organisationsprozesse (NAOrg) und seiner Vorgruppierungen ab 2008. Er war Mitglied und Autor einer Arbeitsgruppe des ISO Technical Management Boards, welche das ISO Handbook „The Integrated Use of Management System Standards" erarbeitete, welches 2018 in zweiter Auflage erschien und 2019 ins Deutsche übersetzt wurde: „Die integrierte Anwendung von Managementsystemnormen". Als Ehrenvorsitzender des NAOrg steht er diesem weiterhin als Experte für integrierte Managementsysteme zur Verfügung.

Wernickes Branchenhintergrund ist die zivile und militärische Luft- und Raumfahrt in einem komplexen internationalen Organisationsumfeld und deren innovativer Ausgestaltung. Die schnelle und effiziente Adaption des Unternehmensmanagementsystems an unterschiedliche Anforderungen von Kunden, Behörden und nationalen und internationalen gesetzlichen Vorgaben sowie deren leichte Umsetzbarkeit waren dabei die entscheidenden Treiber.

Wernicke hält vor diesem Hintergrund Vorlesungen zum Thema Integration von Managementsystemanforderungen.

Drei Schritte zu einem integrierten nachhaltigen System der Unternehmensführung

Jetzt diesen Titel zusätzlich als E-Book downloaden und 70 % sparen!

Als Käufer dieses Buchtitels haben Sie Anspruch auf ein besonderes Kombi-Angebot: Sie können den Titel zusätzlich zum Ihnen vorliegenden gedruckten Exemplar für nur 30 % des Normalpreises als E-Book beziehen.

Der BESONDERE VORTEIL: Im E-Book recherchieren Sie in Sekundenschnelle die gewünschten Themen und Textpassagen. Denn die E-Book-Variante ist mit einer komfortablen Volltextsuche ausgestattet!

Deshalb: Zögern Sie nicht. Laden Sie sich am besten gleich Ihre persönliche E-Book-Ausgabe dieses Titels herunter.

In 3 einfachen Schritten zum E-Book:

❶ Rufen Sie die Website **www.beuth.de/e-book** auf.

❷ Geben Sie hier Ihren persönlichen, nur einmal verwendbaren E-Book-Code ein:

31129C0C8BCB678

❸ Klicken Sie das „Download-Feld“ an und gehen dann weiter zum Warenkorb. Führen Sie den normalen Bestellprozess aus.

Hinweis: Der E-Book-Code wurde individuell für Sie als Erwerber dieses Buches erzeugt und darf nicht an Dritte weitergegeben werden. Mit Zurückziehung dieses Buches wird auch der damit verbundene E-Book-Code für den Download ungültig.

Danksagung

Seit 2012 kennt die ISO (Internationale Normungsorganisation) die Managementsystemnorm (»MSS«) mit einer über den Annex SL ihrer Direktiven vereinheitlichten Struktur und einheitlichen Grundbegriffen (ursprünglich HLS »High-Level-Structure«, heute HS »Harmonised Structure«). Inzwischen gibt es mehr als 80 MSS, von denen mehr als die Hälfte die Bedingungen der HS erfüllen. Diese sind von zahllosen Experten aus den Mitgliedsorganisationen der ISO über die Jahre erarbeitet worden und können als »global best practice« betrachtet werden, da sie im Konsenswege entstanden sind.

Wir bedanken uns bei den vielen Experten aus allen Teilen der Welt, zu deren Mitgliedern wir uns – entsendet aus den DIN-Gremien durch die nationalen Experten – zählen dürfen, für die konstruktive Zusammenarbeit, in der wir auch unser Wissen und die deutschen Positionen einbringen durften. Das damit erworbene Gesamtwissen hat zur Entstehung dieses Buches erheblich beigetragen.

Besonderen Dank gilt unserem Verleger Beuth und seinem Produktmanager Dr. Thilo Hasse für die Betreuung dieses Handbuchs und an Prof. Dr. Bartosz Makovicz, der mit seinem Vorwort den Auftakt für dieses Handbuch gestellt hat.

Wir sind unseren Familien in Berlin und Ulm für ihre Unterstützung äußerst dankbar. Sie haben unsere Online-Konferenzen, Telefonate und am Computer beim Schreiben, Hinterfragen und Optimieren des Textes und beim Diskutieren geduldig ertragen, bis wir uns einig waren. Ohne ihre besondere Unterstützung wäre dieses Handbuch ungleich schwieriger zu erstellen gewesen.

Berlin und Ulm, im März 2022

Dr. Frank Herdmann
Dipl.-Ing. (Univ.) Mathias Wernicke

Abkürzungsverzeichnis

ABSS Anforderungen an ein Betriebliches Steuerungssystem
BCMS Business Continuity Management System
BMS Business Management System
BSS Betriebliches Steuerungssystem
DCGK Deutsche Corporate Governance Kodex
DIN Deutsche Industrie Norm/Deutsches Institut für Normung
DIS Draft International Standard
ETTO Efficiency-Thoroughness Trade-Off
FS Fallstudie
HB Handbook (Handbuch)
HLS High Level Structure
HS Harmonised Structure
HAT Hauptteil dieses Buches
IEC International Electrotechnical Commission
IMS Integriertes Steuerungssystem
IPPF International Professional Practices Framework
ISO International Standardization Organisation
ITG IT-Systemhaus GmbH
IUMSS Integrated Use of Management System Standards
IVC Individualism Versus Collectivism
IWA International Workshop Agreement
KM Plan Konfigurationsmanagement Plan
KMU Kleine und mittlere Unternehmen
MS Managementsystem (Steuerungssystem)
MSS Managementsystemnorm
PDCA Plan Do Check Act
PDI Power Distance Index
POS Planen, Organisieren und Steuern
RM Risiko Management
USP Unique Selling Proposition
VN Virtuelle Norm

Fallstudie (Liste der Teile und Titel)

Vorwort

Eine strukturierte, durchdachte, transparente und vor allem sichere Unternehmensführung ist in Zeiten der Krisen wichtiger denn je zuvor. Die immer komplexere Welt, die bisher nicht da gewesenen Bedrohungen, ob die Covid19-Pandemie oder die aktuellen Bedrohungen seitens Russlands, führen dazu, dass sich die wirtschaftlichen Bedingungen in Handumdrehen ändern und auch der nationale sowie der europäische Gesetzgeber entsprechend blitzschnell reagieren.

All das fordert Unternehmen und insbesondere Unternehmensführungen mehr denn je heraus: Sie müssen teils neu gesetzlich verankerte Anforderungen in internen Strukturen implementieren, denke man etwa an die Vorgaben des neuen Lieferkettensorgfaltspflichtengesetzes oder die der Hinweisgeberschutz-Richtlinie. Auch die bestehenden Anforderungen müssen fortlaufend angepasst werden – etwa im Bereich der Geldwäscheprävention, Terrorismusbekämpfung, des Außenwirtschafts- oder Datenschutzrechts. Die Herausforderungen werden umso größer, je geringer die Ressourcen hierfür sind, sodass tendenziell der Mittelstand noch stärker betroffen ist.

Um eine verlässliche Antwort auf diese und andere Entwicklungen zu finden, hat ISO und ihr nationales Mitglied DIN in den letzten Jahren eine Reihe von Managementsystemnormen (MSS) entwickelt, die auf bestimmte Managementbereiche in Unternehmen anwendbar sind. Betrachtet man die diversen Normen einzeln, so bilden sie jeweils eine hervorragende und verlässliche Quelle, teils als Leitfäden, teils als Normen mit Anforderungen, von global abgestimmtem Know-how, die sich weltweiter Anerkennung in der Umsetzungspraxis rühmen.

Die Lage wird aber komplexer, wenn Unternehmen aufgrund ihrer Risikoexposition mehrere verschiedene Managementsysteme betreiben und hierzu mehrere Normen implementieren müssen. Aufgrund der vor Jahren schon begonnenen Vereinheitlichung von ISO MSS und der Vorgabe, dass alle neuen MSS derselben Metastruktur folgen müssen, bietet sich nahezu an, die Schnittstellen zwischen diesen Standards zu ermitteln und sie in der Praxis integriert und holistisch umzusetzen.

Das vorliegende Werk zeigt in einer praktischen Aufmachung den Weg, wie ein solches ganzheitliches, integriertes und nachhaltiges System der Unternehmensführung in einem mittelständischen Unternehmen, in dem naturgemäß für diese Themen nur geringe Ressourcen zur Verfügung stehen, umgesetzt werden kann. Die Autoren legen ein höchst effizientes und durchdachtes System der integrativen Vorgehensweise in lediglich drei Schritten vor, in dem es um die Vorbereitung der Integration und anschließende Verknüpfung und Einbindung von MSS-Anforderungen in das Managementsystem geht. Begleitet wird das Werk durch viele wertvolle Praxisbeispiele und umfassende Anhänge.

Gewiss können dank der Umsetzung des in diesem Buch dargelegten integrativen und nachhaltigen Modells, das auf der gerade 2021 erstmalig publizierten Norm ISO 37000 Governance of Organizations basiert, diverse Integrationseffekte erreicht werden – von der Steigerung der Effektivität und Effizienz, der Senkung der Kosten für Managementsysteme, über Förderung der Transparenz, Stärkung der Akzeptanzwirkung gegenüber den Beschäftigten bis hinzu zur Schaffung eines nachhaltigen und holistisch geprägten, einheitlichen Steuerungsmechanismus.

Ich wünsche allen Leserinnen und Lesern eine ertragreiche Lektüre!

Frankfurt (Oder), 01.03.2022

Prof. Dr. Bartosz Makowicz
Direktor am Viadrina Compliance Center,
Europa-Universität Viadrina Frankfurt (Oder)

Inhaltsverzeichnis

Vorbemerkungen

1 Unternehmensführung

1.1 Das Steuerungssystem für das Unternehmen

Jeder Unternehmer wünscht sich eine einfache „Bedienungsanleitung" für die Unternehmensführung. Dieses Werk will einen ganzheitlichen Ansatz in nur drei Schritten vermitteln, der sowohl die wirtschaftlichen als auch die zu einzuhaltenden Vorgaben aller Art einbezieht.

Der Begriff Unternehmensführung (engl. Corporate Governance) kann mit Bezug auf einen Personenkreis oder auf Prozesse verwendet werden. Prozessual ist ein wesentlicher Aspekt die Menschenführung – die direkte und indirekte Beeinflussung von Verhalten zur Realisierung der Unternehmensziele. Planen, Organisieren und Steuern – kurz **POS** – sind die wichtigsten Elemente für den Unternehmer und die Führungskräfte des Unternehmens. Allerdings gibt es unendlich viele verschiedene systemische Ansätze und das macht es häufig unübersichtlich und kompliziert.

Von der Unternehmensleitung zu beachtende Vorgaben finden sich in den einschlägigen Gesetzen – z. B. in den §§ 39 bis 43a GmbHG. Für kapitalmarktorientierte Unternehmen beschreibt der Deutsche Corporate Governance Kodex (DCGK) darüber hinaus die anerkannten Standards guter und verantwortungsvoller Unternehmensführung.[1] Auch nicht kapitalmarktorientierten Gesellschaften, also auch kleineren Gesellschaften mit beschränkter Haftung, wird die Beachtung des DCGK »zur Orientierung« empfohlen. Besonders bedeutende, spezifische Pflichten für die Unternehmensleitung werden in den Grundsätzen 4, 5 und 14 aufgeführt.[2] Sie kennzeichnen ein System der guten und verantwortungsvollen Unternehmensführung. Zusammen mit dem Allgemeinwissen der Betriebswirtschaftslehre[3], allgemeinen und fachspezifischen Regeln in nationalen und internationalen Normen und den branchenspezifischen Regeln wird der Rahmen für den Mindestumfang des Steuerungssystems eines jeden Unternehmens aufgestellt. Darüber hinaus gehört es heute zu den unverzichtbaren Kernkompetenzen jeder Führungskraft, für die ausreichende Belastbarkeit (Resilienz) des eigenen Unternehmens zu sorgen.

1 DCGK, Präambel, 3 und vorletzter Absatz

2 DCGK, Grundsatz 4, Grundsatz 5 (Empfehlung A.2), und Grundsatz 14 (Empfehlung D.3)

3 Siehe statt vieler das Standardwerk der BWL: Döring, Ulrich, Brösel, Gerrit, Einführung in die Allgemeine Betriebswirtschaftslehre (Wöhe), 27. Auflage, München 2020

1.2 Resilienz

Die Fähigkeit, Veränderungen in der Umgebung aufzunehmen und sich an diese anzupassen, wird gemeinhin als Resilienz bezeichnet. Das Unternehmen soll Belastungen überstehen, die gesteckten Ziele erreichen und sich positiv entwickeln. Unternehmen, die stärker belastbar sind, können Bedrohungen und Chancen, die sich aus plötzlichen oder schleichenden Veränderungen ihrer Umgebung entwickeln, besser vorausahnen und besser darauf reagieren.[4] Die Belastbarkeit eines Unternehmens ist das Ergebnis des Zusammenspiels von verschiedenen Steuerungselementen. In der ISO 22316 (*Organizational Resilience*) sind im Abschnitt 4 Grundsätze für die Steigerung der Belastbarkeit einer Organisation, im Abschnitt 5 Merkmale, die erfüllt sein müssen, um die Übernahme der Grundsätze zu ermöglichen, und im Abschnitt 6 flankierende Maßnahmen beschrieben. Die für die Steigerung der Belastbarkeit des Unternehmens relevanten Steuerungssysteme werden im Anhang A der Norm beispielhaft aufgeführt. Mit der Belastbarkeit steigt die Überlebensfähigkeit und der Erfolg des Unternehmens und nimmt die Wahrscheinlichkeit unnötiger Fehler und Schäden und der Organhaftung der Unternehmensleitung ab.

Um die Ressourcen des Unternehmens nicht zu überfordern, sollten nach Möglichkeit allerdings nicht alle Systeme zusammen auf einen Schlag eingeführt werden. Das könnte ein hohes Risiko für das Scheitern der Integration mit sich bringen. Nach Ansicht der Autoren sollte die kontinuierliche Verbesserung sukzessive erfolgen. Das Unternehmen muss entscheiden, womit begonnen werden soll und die wichtigsten Steuerungssysteme priorisieren.

1.3 Anleitung zur Steuerung von Organisationen

Die ISO 37000 gibt nach ihrem Titel eine »*Anleitung zur Steuerung von Organisationen*« (»*Guidance for the Governance of Organizations*«). Die Norm beschreibt die zentralen Grundsätze zur Anleitung der »Governing Bodies« von Organisationen. Wer das ist, wird in Abschnitt 3.3.3 der Norm definiert: »*Person oder Gruppe von Personen, die die letzte Verantwortung für die Gesamtorganisation tragen*«. »Governance of organizations« wird als System definiert, durch welches die Organisation geführt, überwacht und zur Verantwortung gezogen wird.[5]

4 Herdmann, Frank, So hilft die ISO 22316, Ihr Unternehmen belastbarer zu machen, Beuth Webseite: https://www.beuth.de/de/themenseiten/resilienz-in-unternehmen

5 ISO 37000:2020, Abschnitt 3.1.1

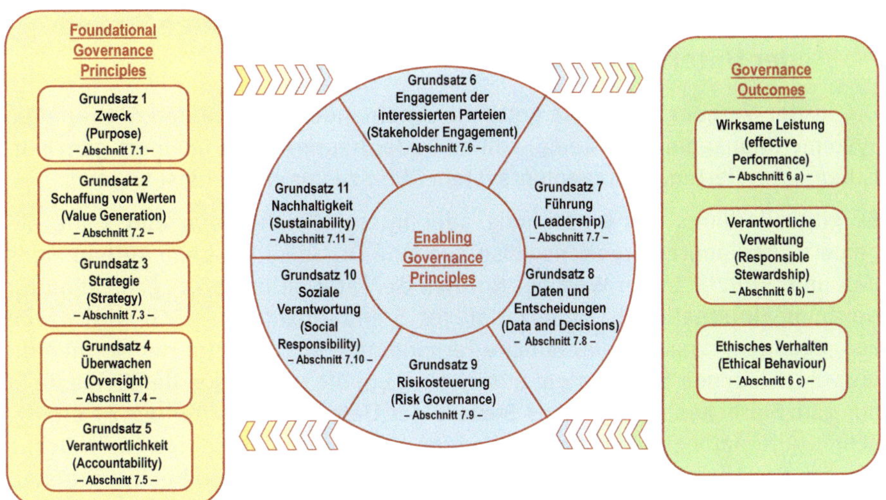

Abbildung 1: Überblick über das Rahmenwerk der Unternehmensführung[6]

Drei Steuerungsergebnisse (Governance Outcomes: wirksame Leitung, verantwortliche Verwaltung und ethisches Verhalten) werden von fünf grundlegenden (Foundational) Steuerungsgrundsätzen und sechs befähigenden (Enabling) Steuerungsgrundsätzen getragen und beeinflussen diese: Der Nutzen der Norm besteht darin, Führungskräften zu verdeutlichen, worauf Sie vorrangig achten müssen, wenn sie Ihre Organisation erfolgreich steuern wollen. Sie ergänzt den oben beschriebenen Mindestumfang des Steuerungssystems. Die Einhaltung ihrer Grundsätze trägt als internationale „Good Practice" zur Verringerung der Haftung von Führungskräften für Organisationsverschulden bei.

Abschnitt 5.2 der Norm beschreibt die vom Führungsgremium erwarteten Kompetenzen:

- die richtige Kombination von Wissen, Fähigkeiten und Erfahrung
- die Verwendung angemessener Kriterien für die Kennzahlen des Erfolges
- die angemessene Selbsteinschätzung und ggf. Beiziehung von Experten
- die Erwartung an eine angemessene Qualität und Quantität von Messungen.

6 Abgeleitet aus der Abbildung 2 des ISO 37000:2020

1.4 Das ganzheitliche, integrierte und nachhaltige System der Unternehmensführung

Die in der Vergangenheit oft getrennt voneinander aufgebauten Steuerungssysteme (Managementsysteme) sollten in der heutigen Zeit in einem ganzheitlichen, integrierten, Managementsystem (IMS) zusammengefasst werden.

Es gibt allerdings keine nationale oder internationale Norm und keine allgemein anerkannte Vorgehensweise, die eine Organisation beim Aufbau eines IMS unterstützt.[7] In der Welt der Normen der Internationalen Organisation für Normung (International Organization for Standardization – ISO) wird davon ausgegangen, dass die einheitliche Terminologie und Struktur der Normen für die verschiedenen Sachgebiete ausreichen, um die Integration der Elemente in ein **ganzheitliches, integriertes System der Unternehmensführung** zu ermöglichen. Alternativ zu einer übergreifenden Norm wurde allerdings ein in Bezug auf die zur Anwendung kommenden Normen neutrales Handbuch erarbeitet, das auch in deutscher Übersetzung erschienen ist: »**Die integrierte Anwendung von Managementsystemnormen**« (The Integrated Use of Managementsystem Standards) – nachfolgend »IUMSS-HB«). Im Kapitel 1 des IUMSS-HB werden die Grundlagen eines Managementsystems und im Kapitel 2 werden Aufbau und Inhalt verschiedener Normen und ihre Anwendung beschrieben.

Im hier vorliegenden Handbuch werden die im IUMSS-HB dargelegten Grundlagen aufgrund ihrer international abgestimmten Aussagen in Auszügen verwendet und die Praxisnähe weiter gesteigert.

Zusätzlich wird hier im Rahmen der Case Study (s. Kapitel 2.1) eine »Virtuelle Norm« mit dem Untertitel »Anforderungen an ein betriebliches Steuerungssystem (ABSS)« verwendet, die sich weitgehend an der Terminologie und Struktur der Managementsystemnormen der ISO orientiert (s. Kapitel 2.2). Diese Vorgaben wurden bisher als High Level Structure (HLS) bezeichnet und heißen nach der 2021 abgeschlossenen Revision der »ISO Directives« Harmonised Structure (HS). Die Virtuelle Norm findet sich im Anhang A1 zu diesem Handbuch.

7 Wikipedia, Artikel »Integriertes Managementsystem« (https://de.wikipedia.org/wiki/Integriertes_Managementsystem) abgerufen am 19.05.2020 – Abschnitt Normen und Richtlinien für Integrierte Managementsysteme

2 Managementsysteme und Normen der ISO

Im Konzept der ISO stellt ein Managementsystem für ein Unternehmen die Möglichkeit dar, die in Wechselbeziehungen stehenden Teile seines Geschäfts so zu führen, dass es seine Ziele erreicht.[8] In diesem Handbuch wird der sprachlichen Klarheit wegen statt des Anglizismus »Managementsystem« der Begriff »Betriebliches Steuerungssystem« oder vereinfacht auch »Steuerungssystem« verwendet.

2.1 Das betriebliche Steuerungssystem aus der Sicht der ISO

Das IUMSS-HB beschreibt in seinem Kapitel 1 in drei Blöcken (System, Bestandteile und Beziehungen – s. Kapitel 3, Abbildung 4), was ein Betriebliches Steuerungssystem (Managementsystem (MS) der ISO) ausmacht.[9] Ein Unternehmen kann seine Ziele mittels eines formalen oder eines intuitiven MS erreichen.

Grundlegendes Prinzip eines Steuerungssystems ist es, den Zusammenhang zu verstehen, in welchem das Unternehmen tätig ist. Dazu muss das Unternehmen die externen und internen Sachverhalte untersuchen – einschließlich der anwendbaren Gesetze und Rechtsverordnungen –, die seinen Erfolg und seine Nachhaltigkeit bestimmen. Das Unternehmen muss dafür sein Umfeld und den Markt, auf dem es tätig ist, kennen. Anschließend soll es die erforderlichen Prozesse und Ressourcen in einem durchgängigen, funktionierenden MS in Zusammenhang setzen. Da sich das Umfeld ständig ändert, muss auch das MS entsprechend aktualisiert werden.[10]

Hier wird anhand einer fiktiven, inhabergeführten IT-Systemhaus GmbH[11] (»ITG« genannt) **beispielhaft** die Integration der Anforderungen aus der »Virtuellen Norm« und der Welt der Aufrechterhaltung der Betriebsfähigkeit (Business Continuity) in einem einheitlichen System der Unternehmensführung in vereinfachter Form dargestellt. Dabei wird zugleich die Integration der Empfehlungen der Managementnorm zum Risikomanagement berücksichtigt.

---

8 https://www.iso.org/management-system-standards.html

9 Die integrierte Anwendung von Managementsystemnormen, Kapitelinhaltsdiagramm Kapitel 1

10 Die integrierte Anwendung von Managementsystemnormen, Kapitel 1.1

11 Die »ITG« hat einen Gesellschafter: Jakob Weitblick, der alleiniger Geschäftsführer der Gesellschaft (geschäftsführender Gesellschafter) ist. Die Gruppe hat insgesamt 60 Mitarbeiterinnen und Mitarbeiter. Sie bietet seit 25 Jahren kleinen und mittelständischen Unternehmen von der Bedarfsanalyse über den Entwurf von IT-Konzepten bis hin zur Ausführung, Betreuung und Schulung sowie Datenschutz alles, was einen sicheren IT-Betrieb gewährleistet.

Fallstudie FS 1
Merkmale von Managementsystemen

Die ITG ist ein Systemhaus in einer deutschen Großstadt, die vor 25 Jahren als Startup begonnen hat, IT-Leistungen insbesondere an kleine und mittlere Unternehmen zu verkaufen. Inzwischen werden 60 Mitarbeiterinnen und Mitarbeiter beschäftigt. Der Unternehmensinhaber Jakob Weitblick wendete intuitiv einige Prinzipien zur systematischen Leitung seines Betriebes an, ohne sich dessen vollends bewusst zu sein. Nach Ermittlung der Kundenbedürfnisse entschied er sich für Unternehmensziele und die von der ITG am Markt angebotenen Produkte und Dienstleistungen. Er gab seinem Unternehmen eine Struktur mit drei Säulen (Hardwaresysteme, Softwareentwicklung und -implementierung sowie sonstige IT-nahe Dienstleistungen – z.B. externer Datenschutz), wobei die Hardwaresysteme die zentrale und stärkste Säule bilden. Mit dem Wachstum seines Unternehmens entwickelte er die für die Zielerreichung erforderlichen Prozesse. Das war die Grundlage für den Erfolg der ITG und ihres Wachstums.

Die Sachverhalte, die den Zweck, die Ziele sowie den nachhaltigen Erfolg eines Unternehmens beeinflussen, sind:

- die Erfordernisse der interessierten Parteien
- Verständnis für die Anforderungen für gute und verantwortungsvolle Unternehmensführung und gute betriebswirtschaftliche Kenntnisse der Unternehmensleitung
- externe Sachverhalte (z. B. politische Stabilität, Wettbewerbsumfeld, technologischer Fortschritt, Umweltschutz sowie Rechts- und Verwaltungsnormen)
- interne Sachverhalte (z. B. Führung, Kommunikation und Kompetenzen)
- Verständnis des Betriebsumfeldes und der eigene USP (Alleinstellungsmerkmal).

Im Zusammenhang mit der Beachtung der externen und internen Sachverhalte (dem Kontext des Unternehmens) hilft die Bestimmung von Risiken und Chancen bei der Gestaltung, Implementierung, Pflege und Verbesserung des betrieblichen Steuerungssystems.[12]

12 Die integrierte Anwendung von Managementsystemnormen, Kapitel 1.2

Fallstudie FS 2
Relevantes externes und internes Umfeld sowie Risiken und Chancen

Bei Gründung der ITG hat Jakob Informationen zur Nachfrage, zu Marktpreisen, zum Wettbewerb und andere wichtige Sachverhalte recherchiert. Mit dem Wachstum des Unternehmens kamen weitere Aspekte hinzu. Insbesondere wollte Jakob **alle gesetzlichen und behördlichen Auflagen** erfüllen. Er hat ermittelt, dass folgende Gruppen Interesse an seinem Unternehmen zeigen:

Kunden: Kleine und Mittlere Unternehmen, die IT-Systeme benötigen und/oder auf deren fachgerechte und zeitnahe Wartung angewiesen sind

Öffentliche Hand: Datenschutz und Arbeitsschutzgesetze

Belegschaft: Personen, welche die Produkte und Dienstleistungen erstellen und ausliefern

Lieferanten: Hersteller von IT-Komponenten, Rechnern und Netzwerkelementen

Die vier grundlegenden Bestandteile eines betrieblichen Steuerungssystems sind:

- **Ziele**, die als Ergebnis des Planungsprozesses das Steuerungssystem unterstützen sollen.[13]
- **Prozesse** zur Herstellung von Produkten oder Erbringung von Dienstleitungen, die als Rückgrat des Steuerungssystems dafür sorgen, dass die Unternehmensziele erreicht werden.[14]
- **Organisationsstruktur und Ressourcen** beeinflussen die Fähigkeit des Unternehmens zur Gestaltung, Implementierung, Pflege und Verbesserung seines Steuerungssystems. Sie müssen durch definierte und benannte Prozesseigner an ihren Zielen ausgerichtet werden.[15]
- **Rückmeldungen zur Leistung**, die auf allen Ebenen des Unternehmens überwacht wird und es erlaubt, geeignete Maßnahmen zur Stabilisierung und Verbesserung zu ergreifen.[16]

---

13 Die integrierte Anwendung von Managementsystemnormen, Kapitel 1.3.1

14 Die integrierte Anwendung von Managementsystemnormen, Kapitel 1.3.2

15 Die integrierte Anwendung von Managementsystemnormen, Kapitel 1.3.3

16 Die integrierte Anwendung von Managementsystemnormen, Kapitel 1.3.4

Fallstudie FS 3
Bestandteile eines betrieblichen Steuerungssystems

Die Ziele der ITG wurden von Jakob wie folgt festgelegt:

- zufriedene Kunden, die keinen Grund zur Beschwerde haben
- stabile IT-Systeme an die Kunden liefern, die einfach zu warten sind, nicht ausfallen und keine Notfalleinsätze notwendig machen
- zufriedene Mitarbeiterinnen und Mitarbeiter

Jakob hat sich für folgende wesentliche Prozesse entschieden:

- Kundenakquisition
- Bedarfsermittlung beim Kunden
- Angebotserstellung
- Angebotsabwicklung Hardware (IT-Systeme und Komponenten liefern und installieren)
- Angebotsabwicklung Software (Entwicklung, Customizing, Installation und laufende Betreuung)
- Kundendienst
- Abrechnung

Um sicherzustellen, dass diese Prozesse ordentlich ablaufen, müssen sie angemessen gesteuert werden. Dazu hat Jakob die Prozesse geprüft und z. B. für den Prozess der »Angebotsabwicklung Hardware« Vorleistungen, Aktivitäten und Ergebnis bewertet.

Abbildung FS 3-1: Angebotsabwicklung Hardware (vereinfacht)

Bei der Bewertung des Prozesses hat Jakob entschieden, wo ausführliche Arbeitsanweisungen oder andere interne Regelungen erforderlich sind.

Für Jakob ist es wichtig, das Leistungsvermögen seines Unternehmens zu kennen. Dazu bewertet er die Organisationsstruktur und Ressourcen der ITG. Im Zusammenhang mit der Angebotsabwicklung Hardware sind folgende Mitarbeiterinnen und Mitarbeiter tätig:

- Jakob trifft als Geschäftsführer der ITG die wichtigen Entscheidungen und koordiniert die Aktivitäten einschließlich Marketing, Verkauf, Produktion und Personalführung.
- Die Verkäufer sind für die Kundenakquisition, die Bedarfsermittlung, die Aufnahme der Bestellungen und die Angebotserstellung verantwortlich.
- Der Einkauf ist für die Beschaffung der Systeme und Komponenten verantwortlich.
- Die Monteure sind für den Zusammenbau der Systeme und Komponenten, ihre Konfiguration und Installation (einschließlich erforderlicher Betriebssoftware), Auslieferung, Inbetriebnahme und Wartung verantwortlich.
- Die Verwaltung im Back-Office unterstützt den Geschäftsführer, den Verkauf, den Einkauf und die Monteure (einschließlich Einsatzplanung) sowie die Abwicklung der Aufträge (Rechnungen und Mahnwesen).

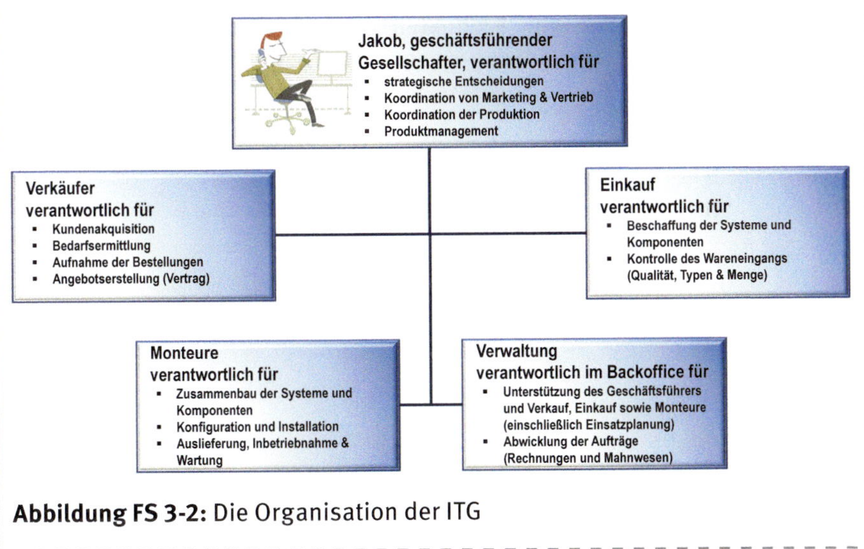

Abbildung FS 3-2: Die Organisation der ITG

Zu den weiteren Ressourcen der ITG gehören:

- Vorräte an häufig benötigten Komponenten
- Betriebsanleitungen und Datenblätter der angebotenen Systeme und Komponenten
- Werkstatt für den Zusammenbau der Systeme und Komponenten und Reparaturen
- Bankkonto mit ausreichendem Kreditrahmen für den Betrieb der ITG einschließlich Notfälle

In wöchentlichen Teambesprechungen und in laufenden Einzelgesprächen fragt Jakob die Verkäufer und Monteure nach den Rückmeldungen der Kunden und der Belegschaft. Er prüft sein Inventar und seine Lieferantenbeziehungen und fragt den Zeitbedarf für die Auftragsakquisition und -abarbeitung ab.

Das Unternehmen muss die Wechselwirkungen zwischen den Prozessen, Ressourcen und Rückmeldungen zur Leistung verstehen. Dieses Verständnis des Unternehmens als System (Systemansatz) soll sicherstellen, dass die Unterstützungsprozesse (z. B. Buchhaltung und Beschaffung) mit den Hauptprozessen zu Herstellung von Produkten und/oder Erbringung von Dienstleistungen effektiv und effizient zusammenarbeiten.[17]

17 Die integrierte Anwendung von Managementsystemnormen, Kapitel 1.4.1

Fallstudie FS 4
Beziehungen zwischen den Bestandteilen des betrieblichen Steuerungssystems

Durch die Bewertung der Prozesse hat Jakob ein besseres Verständnis der Hauptprozesse der ITG und von der Verknüpfung dieser Prozesse erlangt.

Jakob entscheidet sich, von der intuitiven Steuerung auf ein systemisches, integriertes, ganzheitliches und nachhaltiges Steuerungssystem umzustellen. Im Systemansatz wird der schlanke Prozess »Angebotsabwicklung Hardware« um die Prozesse Angebotserstellung und Abrechnung sowie die Aktivitäten der Unternehmensführung wie Planung und Koordinierung ergänzt.

Abbildung FS 4-1: Verknüpfung der Hauptprozesse mit der Angebots-abwicklung

Es sollen Ablaufdiagramme für die wichtigen Teilprozesse modelliert werden, um die Beziehungen zwischen den Aktivitäten, interessierten Parteien und Risiken besser zu verstehen. Jakob entscheidet sich, die Unterstützung eines auf die Betreuung kleiner Unternehmen spezialisierten Beraters zu suchen. Er stellt diesem die ITG und ihre Belegschaft vor. Jakob modelliert zusammen mit ausgewählten Mitarbeiterinnen und Mitarbeitern, unterstützt von dem Berater, die wichtigsten Prozesse.

2.2 Die Managementsystemnormen der ISO

Im Kapitel 2 des IUMSS-HB werden in zwei Blöcken die Grundlagen und die Anwendung der Managementsystemnormen erläutert. Hauptzweck einer Managementsystemnorm ist es, dem Anwender einen Rahmen zu bieten, mit dem die maßgeblichen Tätigkeiten des Unternehmens gesteuert werden können. Generell gelten für alle Organisationen die folgenden gemeinsamen Anforderungen von Managementsystemnormen[18]:

- Führungs- und Mitarbeiterverantwortung
- Kompetenz und Bewusstsein
- Planung und Einsatz von Ressourcen
- interne und externe Kommunikation
- Risikobeurteilung und Auswirkungen auf Ziele
- Leistungsüberprüfung in Bezug auf die Organisationsziele
- interne Bewertungen[19]
- Lenkung dokumentierter Informationen.

Die Managementsystemnormen der ISO konzentrieren sich jeweils auf ein Sachgebiet, für das Anforderungen für einen funktionalen Teil des Unternehmens aufgezeigt werden. Sie folgen einem Ansatz, der auf dem Umgang mit Risiken beruht (auch risikobasierter Ansatz oder risikobasiertes Denken genannt), sodass das Unternehmen sich mit den Risiken (Gefahren und Chancen) auseinandersetzt, die für das Erreichen der Ziele des jeweiligen Sachgebietes relevant sind.[20]

Die ISO hat eine Fülle von Managementsystemnormen veröffentlicht. Sie stellen Empfehlungen oder Vorgaben zur Verfügung, die zur Erreichung der Unternehmensziele erforderlich sind.[21] Diese Vorgaben der Systemnormen werden von fünf Managementnormen (im hier gewählten Beispiel der DIN ISO 31000 zum Risikomanagement und der ISO 37000 zur Unternehmenssteuerung) unterstützt. Die Managementsystemnormen sind von einheitlicher Terminologie und Struktur gekennzeichnet, um die Integration der verschiedenen Elemente in einem einheitlichen, ganzheitlichen System zu erleichtern.

Dieses Handbuch führt im Rahmen der Fallstudie (s. FS-5 in diesem Kapitel) eine »Virtuelle Norm« mit dem Titel »Anforderungen an ein betriebliches

18 Die integrierte Anwendung von Managementsystemnormen, Kapitel 2.1

19 Im IUMSS-Handbuch wird der Begriff Interne Audits verwendet.

20 Die integrierte Anwendung von Managementsystemnormen, Kapitel 2.2

21 https://www.iso.org/management-system-standards-list.html

Steuerungssystem (ABSS)« ein, die sich an der HS orientiert. Diese findet sich im Anhang A1 zu diesem Handbuch.

Wie bereits oben ausgeführt, muss jedes Unternehmen für sich entscheiden, welche Bereiche für das eigene System der Unternehmensführung relevant sind und Priorität genießen. Das können z. B. die Gebiete Aufrechterhaltung der Betriebsfähigkeit, Compliance Management, Wissensmanagement, Qualität, Sicherheit und Gesundheit bei der Arbeit, Energiemanagement und/oder Umweltmanagement sein.

Bei Weitem nicht jede Norm muss in jedem Unternehmen implementiert werden. Es ist wichtig zu verstehen, dass das in diesem Handbuch gewählte Beispiel **keine Blaupause** für das jeweilige individuelle Unternehmen darstellt.

Aus Sicht der Autoren dieses Handbuches gibt es derzeit neben den für die jeweilige Branche spezifischen Normen neun Managementsystemnormen von grundsätzlicher Bedeutung für die Leitung eines Unternehmens, deren Relevanz jedes Unternehmen für sich und die Erreichung seiner Unternehmensziele **prüfen** sollte.[22]

---

22 ISO 9001 Quality Management definiert die Anforderungen für ein Qualitätsmanagementsystem, wenn das Unternehmen seine Fähigkeit einheitliche Leistungen zu erbringen nachweisen muss und Kundenzufriedenheit verbessern will

ISO 14001 Environmental Management System definiert die Anforderungen an ein Umweltmanagementsystem für ein Unternehmen, das zur Stärkung der Umweltsäule seiner Nachhaltigkeit seine Umweltverantwortung systematisch steuern will

ISO 37301 Compliance Management System – Anforderungen mit Leitlinien zur Anwendung stellt Empfehlungen für ein wirksames und reaktionsfähiges Compliance System zur Verfügung

ISO 22301 Business Continuity Management System schützt gegen Störungen des Betriebs, reduziert die Wahrscheinlichkeit von Betriebsstörungen und bereitet auf Betriebsstörungen und Reaktionen darauf vor

ISO/IEC 27001 Information Security Management System identifiziert die Anforderungen an ein System der IT-Informationssicherheit einschließlich der Risiken für diese Informationssicherheit und für angemessene Sicherheitskontrollen

ISO 28000 Security Management System definiert die Anforderungen zur Verbesserung der Sicherheit des Unternehmens im Zusammenhang mit allen Aktivitäten, die von dem Unternehmen beeinflusst werden

ISO 30401 Knowledge Management System schützt das den für den reibungsfreien Betrieb erforderliche Wissen des Unternehmens

ISO 45001 Occupational Health and Safety Management System ermöglicht es den Unternehmen, der Belegschaft einen sicheren und die Gesundheit nicht gefährdenden Arbeitsplatz zur Verfügung zu stellen und arbeitsbezogene Verletzungen und Krankheiten zu vermeiden

ISO 50001 Energy Management System ermöglicht dem Anwender einen systematischen Ansatz zur Energieeffizienz.

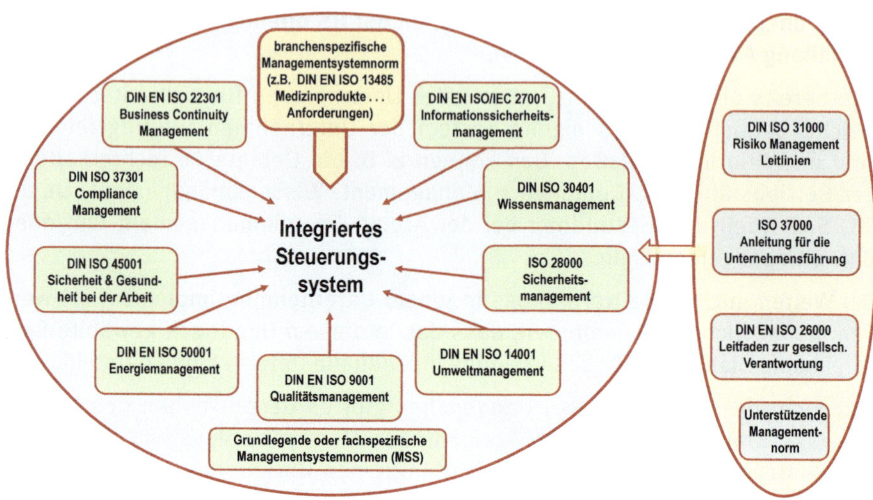

Abbildung 2: Integriertes Steuerungssystem (IMS) mit ISO Normen[23]

Darüber hinaus empfiehlt es sich, die DIN ISO 31000 (zum Risikomanagement) und den ganzheitlichen Ansatz der ISO 37000 (zur Unternehmenssteuerung), zu beachten. **Beides sind Managementnormen, die die Managementsystemnormen unterstützen. Sie enthalten keine Anforderungen, sondern Empfehlungen, die als solche – weil als offene Regelungen noch auszufüllen – nicht zertifizierbar sind.** In diesem Handbuch wird die Integration ihrer Empfehlungen in das Managementsystem des Unternehmens mitbehandelt. Beide Normen wurden auch in die Fallstudie aufgenommen.

Da die Implementierung am besten nacheinander angepasst an die zur Verfügung stehenden Ressourcen erfolgen sollte, sollte eine Prioritätenliste aufgestellt werden, in der die Reihenfolge der Implementierung festgelegt wird. Der Blick auf die Normen von DIN und ISO darf nicht von den einschlägigen Gesetzen und Rechtsvorschriften ablenken, die in ihrer Wirkung ähnlich sind. Letztere sind regelmäßig verpflichtend, während die Anwendung der Normen von DIN und ISO freiwillig erfolgt und eines entsprechenden Beschlusses der Unternehmensleitung bedarf. **Die Norm zum Risikomanagement DIN ISO 31000 unterstützt alle Systemnormen**.

23 Grafik entnommen der Executive Summary 14, S. 2; https://herdmann.de/executive/nummer14.php, abgewandelt, um die Einordnung der ISO 37000 (»*Guidance for the Governance of Organizations*«) als unterstützende Managementnorm darzustellen

Die Umsetzung der Anforderungen der Managementsystemnormen erfolgt angepasst an die Bedürfnisse des jeweiligen Unternehmens. Dabei sollen die Anforderungen an die Prozesse des Unternehmens den jeweiligen Prozesseignern zugeordnet werden.[24]

Fallstudie FS 5
Anforderungen von Managementsystemnormen

Jakob und der Berater prüfen die Normen, die die für ein integriertes Steuerungssystem der ITG in Frage kommen. Sie wählen die folgenden Normen aus, die für sie erste Priorität haben:

- DIN EN ISO 22301 (Business Continuity Management System)
- DIN ISO 31000 (Risikomanagement)
- ISO 37000 (Unternehmenssteuerung)

Die beiden letzten sind keine Managementsystemnormen, sondern **unterstützende** Managementnormen. Alle drei Normen enthalten wichtige Aspekte für den Betrieb des Unternehmens, und es muss ermittelt werden, ob alle Anforderungen bereits im intuitiven, gelebten System der Unternehmensleitung enthalten sind oder einzelne noch in das System einzubinden sind. Der Berater weist Jakob auf die Vorteile der HS hin. Jakob fragt, warum die HS nicht als Norm die allgemeinen Anforderungen an ein Betriebliches Steuerungssystem zur Verfügung stehe. Der Berater bietet an, diese Lücke im System der Managementsystemnormen der ISO mit einer »Virtuellen Norm« zu schließen, die bei der Entwicklung des Steuerungssystems der ITG verwendet werden könne. Auf Bitten von Jakob entwickelt er eine solche Virtuelle Norm mit dem Untertitel »Anforderungen an ein betriebliches Steuerungssystem (ABSS)«.[25]

24 Die integrierte Anwendung von Managementsystemnormen, Kapitel 2.3

25 VN »Sicherheit und Resilienz – betriebliche Belastbarkeit – Anforderungen an ein Betriebliches Steuerungssystem (ABSS)« auf der Grundlage der HS im Anhang A1 dieses Handbuchs

Hauptteil

3 Drei Schritte zur Integration der Anforderungen von Managementsystemnormen der ISO in ein integriertes und nachhaltiges System der Unternehmensführung

Stark vereinfacht kann die Entwicklung eines integrierten Steuerungssystems als Ereignisgesteuerte Prozesskette wie folgt dargestellt werden:

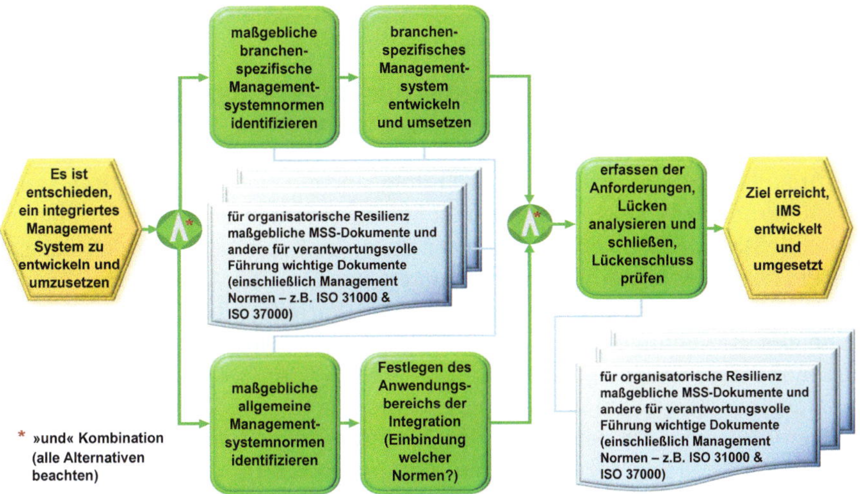

Abbildung 3: Vereinfachte Roadmap zu einem Integrierten Steuerungssystem (IMS)[26]

Das IUMSS-HB der ISO behandelt die drei Schritte zur Integration der Anforderungen von Managementsystemnormen in das System der Unternehmensführung in drei Blöcken (Vorbereitung, Verknüpfung und Einbindung) zusammen mit dem Thema der »Aufrechterhaltung der Integration« (s. Kapitel 3.3.4) in einem vierten Block in seinem dritten Kapitel.

26 Grafik entnommen der Executive Summary 14, S. 2; https://herdmann.de/executive/nummer14.php abgewandelt, um die Einordnung der ISO 37000 (»*Guidance for the Governance of Organizations*«) als unterstützende Managementnorm darzustellen

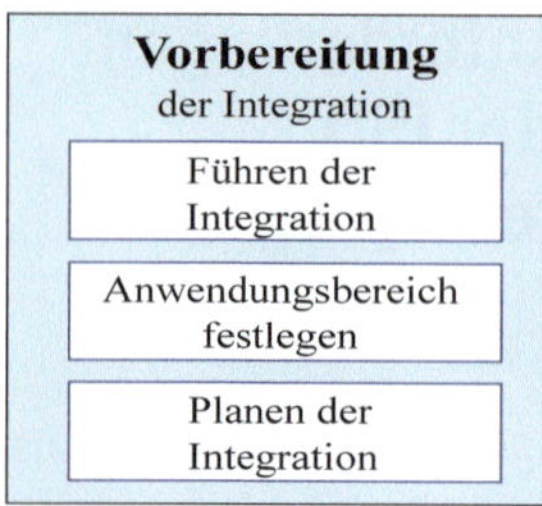

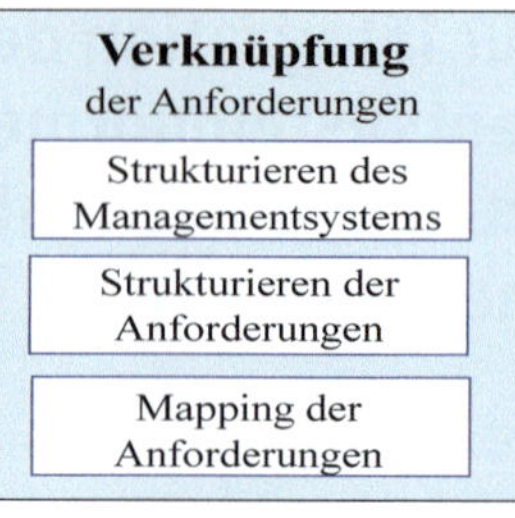

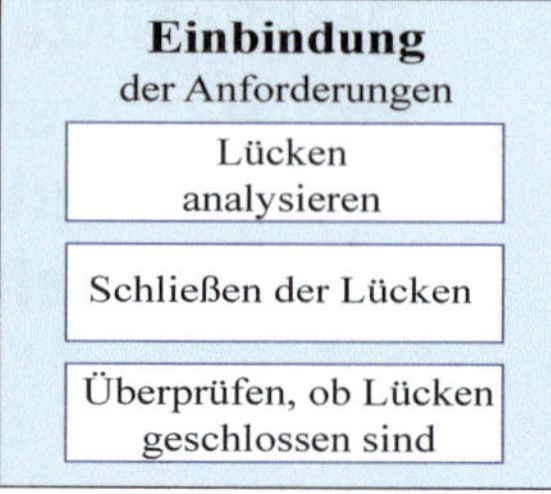

Abbildung 4: Drei Schritte zur Integration im IUMSS-HB Kapitel 3 (Kapitel 1 – 5)[27]

3.1 Schritt 1: Die Vorbereitung der Integration (Kapitel 3.1 bis 3.3 des IUMSS-HB)

Die Grundlage für unternehmerischen Erfolg sind die Ziele und die Organisation des Unternehmens sowie die Kenntnis seines externen und internen Umfelds einschließlich der Risiken und Chancen (s. o. im Kapitel 1). Letztlich müssen die Prozesse des Unternehmens gesteuert werden. Die Anwendung relevanter Managementsystemnormen bringt dabei Vorteile für das Unternehmen, wenn die Beziehungen der Anforderungen dieser Normen verstanden werden. Auf dieser Grundlage kann die Vorbereitung der Integration erfolgen. Im Zusammenhang mit der Integration betrachtet die Organisation die Auswirkung mehrerer Normen und der zugehörigen Anforderungen **funktionsübergreifend.** Für die Vorbereitung der Integration wird im IUMSS-HB empfohlen, drei Elemente zu beachten: eine Entscheidung der Unternehmensleitung zur Integration, die Festlegung des Umfangs der Integration (ihres Anwendungsbereichs) und die Planung der Integration.[28]

27 Die integrierte Anwendung von Managementsystemnormen, Kapitelinhaltsdiagramm Kapitel 3 – Auszug

28 Die integrierte Anwendung von Managementsystemnormen, Kapitel 3

3.1.1 Die Integration führen (Vorgehensweise, Nutzen und Argumentation)

Die Unternehmensleitung muss die Entscheidung zur Integration treffen. Diese kann unterschiedliche Grundlagen haben, muss aber die Anforderungen und die Konsequenzen der anzuwendenden Normen kennen. Der Prozess der Integration kann sowohl strategische wie auch betriebliche Gründe haben oder auf den Forderungen interessierter Parteien beruhen. Es gibt im Zusammenhang mit der Entscheidung der Unternehmensleitung für die Integration **keinen richtigen oder falschen Ansatz**. Die Unternehmensleitung sollte in ihrem Entscheidungsprozess das Unternehmensumfeld, seine Ziele, die Erfordernisse und Erwartungen der relevanten interessierten Parteien sowie die eigene Strategie und die eigenen Initiativen betrachten. Wesentliche Aspekte sind:[29]

- der Nachweis der Notwendigkeit der Integration
- die mit der Integration verbundenen Vor- und Nachteile
- die Grundsätze der Integration.

29 Die integrierte Anwendung von Managementsystemnormen, Kapitel 3.1

Fallstudie FS 6
Die Integration führen

Jakob ist der geschäftsführende Gesellschafter der Firma. Er muss die Richtung für die Integration der Anforderungen der relevanten Normen in das Managementsystem seines Unternehmens vorgeben. Er erarbeitet eine Tabelle mit dem Nutzen einer Integration für das Unternehmen:

Tabelle FS 6-1: tabellarische Dokumentation des Nutzens der Integration[30] (Beispiel für die ITG – keine Blaupause!)

Nutzen	Erläuterung
Redundanzen werden eliminiert oder reduziert	Die in einem System der Unternehmensführung integriert implementierten Anforderungen haben gemeinsame Bestandteile. Bei der Verknüpfung der Anforderungen mehrerer Managementsystem-Normen wird die Erzeugung mehrfacher Dokumente oder Verfahren oder die Ergänzung mit weiteren Ressourcen vermieden.
Die Unternehmensführung handelt widerspruchfrei	Das Managementsystem ist weniger kompliziert und wird von jedem in der Organisation besser verstanden. Die Widerspruchfreiheit gilt insbesondere für – die Kommunikation der Grundsatzerklärung und der Ziele, – die Entscheidungsfindung, – die Festlegung der unternehmerischen Prioritäten, – die Messung und Überwachung, – die Nutzung von Ressourcen.

30 Modifizierte Tabelle 3-2 aus dem IUMSS-Handbuch

Nutzen	Erläuterung
Der Verwaltungsaufwand wird reduziert	Die Verringerung des Verwaltungsaufwands ist eng mit der Beseitigung von Redundanzen verbunden. Dadurch werden Kosten reduziert und Mehrwert geschaffen.
Verantwortungsbewusstsein wird gestärkt	Die Integration von Zielen, Prozessen und Ressourcen des Steuerungssystems kann das Verantwortungsbewusstsein der Prozesseigner stärken.
Senkung der Kosten	Die Verringerung des Pflegeaufwands, die Konsolidierung von Audits und Bewertungen sowie die Optimierung von Prozessen und Ressourcen kann zur Kostensenkung beitragen.
Prozesse und der Einsatz von Ressourcen werden optimiert	Ressourcen können optimiert werden, da sie auf die Prozessimplementierung und Wertschöpfung zielen und eine zusätzliche Systempflege überflüssig wird. Optimierung wird dort erreicht, wo es z. B. einen gemeinsamen Prozess für die Ermittlung von Anforderungen oder für Managementbewertungen gibt.
Verringerung des Aufwands zur Aufrechterhaltung und Verbesserung	Ein integrierter Ansatz strafft die Prozesse und ermöglicht es dem Unternehmen, sich auf seine Verbesserung zu konzentrieren, statt mehrere getrennte Systeme zu pflegen. Beispiele sind die Pflege von Informationssystemen oder die Pflege eines einzelnen internen Auditverfahrens als Teil des integrierten Ansatzes anstelle individueller Verfahren für jede Norm.

Nutzen	Erläuterung
Audits und Bewertungen können zusammengelegt werden	Bei einem integrierten Managementsystem kann die Organisation interne Audits und/oder Bewertungen zusammenlegen. Infolgedessen ist weniger Zeit für interne Audits oder Bewertungen erforderlich. Wechselseitige Beziehungen zwischen Prozessen werden besser verstanden. Beim integrierten Ansatz bilden Audits und Bewertungen die **Verknüpfung** von Prozessen ab und kritische Systemdefekte können besser erkannt werden.
Verbesserung der Entscheidungen	Durch die Beseitigung von Redundanzen und Widerspruchsfreiheit bekommt das Unternehmen einen vollständigeren Eindruck der operativen Anforderungen und der Leistung des Unternehmens.
Steigerung der Leistung	Die integrierte Anwendung von Managementsystem-Normen kann einen positiven Einfluss auf spezifische Bestandteile und Ergebnisse von Steuerungssystemen wie Qualität, Sicherheit, Compliance, Aufrechterhaltung der Betriebsfähigkeit, Risiko und Produktivität haben.

3.1.2 Festlegen des Anwendungsbereiches der Integration (Aufgaben der Unternehmensführung spezifizieren)

Mit der Entscheidung zur Integration der Anforderungen mehrerer Managementsystemnormen in das eigene System der Unternehmenssteuerung ist üblicherweise die Entscheidung um den Anwendungsbereich des Integrationsprozesses für das System verbunden. Dazu gehört die Festlegung der zu implementierenden Normen samt Vorgaben für den Projektplan durch die Unternehmensführung. Jedes Unternehmen entscheidet selbst, welche Normen in welcher Reihenfolge und mit welcher Integrationstiefe in den Grundsätzen, Prozessen, Zielen und Ressourcen Ihres Steuerungssystems zur Anwendung kommen. Die Auswahl und die Reihenfolge können von organisatorischen Prioritäten und den Anforderungen interessierter Parteien abhängen. Manchmal sind es auch interne Wünsche nach höherer Effizienz oder Wirksamkeit die Grundlage für eine Integrationsentscheidung. Die Entscheidung kann eine vollständige Integration in allen Bestandteilen des Systems der Unternehmensführung anstreben – oder weniger rigoros nur Teilaspekte betreffen. Immer aber müssen die Ziele, Prozesse und Ressourcen für das betroffene System der Unternehmenssteuerung sowie die betroffenen Produkte, Dienstleistungen und Standorte festgelegt werden. [31]

31 Die integrierte Anwendung von Managementsystemnormen, Kapitel 3.2

Fallstudie FS 7
Festlegen des Anwendungsbereichs der Integration

Jakob ist der geschäftsführende Gesellschafter der Firma. Er muss die Richtung für die Integration der Anforderungen der relevanten Normen in das Managementsystem seines Unternehmens vorgeben. Er erarbeitet eine Tabelle mit dem Nutzen einer Integration für das Unternehmen:

Jakob hat zusammen mit den Führungskräften der ITG aus Anlass des 25-jährigen Betriebsjubiläums beschlossen, das Unternehmen zu stärken, indem das bis dahin intuitive System der Unternehmensführung zukunftsorientierter und wettbewerbsfähiger wird. Dabei sollen zuerst die Anforderungen der Norm zur Aufrechterhaltung der Betriebsfähigkeit (DIN EN ISO 22301) zusammen mit den Empfehlungen zum Risikomanagement (DIN ISO 31000) und zur Unternehmenssteuerung (ISO 37000) – sowie später auch zur Compliance (ISO 37301) nachvollziehbar integriert werden. Dazu werden die Auswirkungen der Integration auf die Grundsätze, Prozesse, Ziele und Ressourcen der ITG ermittelt und die Entscheidung der Unternehmensleitung zusammen mit den erwarteten Auswirkungen auf das Geschäft der Belegschaft mitgeteilt.

Darauf aufbauend

- passt er die Grundsatzerklärung des Unternehmens an, damit sie die Integration der Anforderungen der Normen enthält,
- legt er die Ziele der Integration in der Grundsatzerklärung fest

Die treibenden Kräfte für die Implementierung der Anforderungen der Normen können sich aus den folgenden Faktoren ergeben:

- Kundenforderungen
- Interne Notwendigkeiten oder Nutzen für das Unternehmen (z. B. Verbesserung der Effizienz oder Effektivität)
- gesetzliche oder behördliche Vorgaben

Fragen, die helfen können, die Auswirkungen der Integration auf das Managementsystem zu ermitteln, sind beispielhaft in der folgenden Checkliste aufgeführt.

Fragen zur Ermittlung der Auswirkungen der Integration	
☑	Wer wird von der Integration betroffen sein?
☑	Welche Teile der Organisation (Bereiche und Prozesse sowie Standorte und Produkte) werden von der Integration betroffen sein?
☑	Welche Dokumente werden von der Integration tangiert?
☑	Wie werden die Ressourcen für die zu integrierenden Prozesse bereitgestellt?

Abbildung 5: Checkliste zur Ermittlung der Auswirkungen der Integration auf das System der Unternehmensführung

3.1.3 Planen der Integration (Projektplanung)

Wenn der Anwendungsbereich festgelegt ist, muss die Integration geplant werden. Das schließt die Bestimmung der Risiken (Gefahren und Chancen) ein. Es ist vorteilhaft, dafür ein Projekt aufzusetzen, um die Anwendung der relevanten Managementsystemnormen zu vereinheitlichen[32].

32 Die integrierte Anwendung von Managementsystemnormen, Kapitel 3.3

Fallstudie FS 8
Planen der Integration

Jakob braucht zur Steuerung der Integration einen Plan. Er entscheidet bzw. stellt fest:

- selbst die Projektleitung zu übernehmen.
- Teamleiter der ITG sollen dem Projektteam angehören.
- Nur interne Ressourcen werden genutzt.
- Die gesamte Belegschaft wird von der Integration betroffen sein.
- Er wird darüber entscheiden, wer welche Aufgaben übernimmt.
- Das größte Risiko sind die knappen personellen Ressourcen.
- Das Team wird unverzüglich mit der Integration beginnen.
- Das Projekt soll in sechs Monaten abgeschlossen sein.
- Er wird mit der gesamten Belegschaft eine wöchentliche Besprechung zum Projektfortschritt halten.

Zusammen mit seinem Team

- definiert er die für die Integration erforderlichen strategischen Initiativen und
  - ermittelt die strategischen Risiken (Gefahren und Chancen – Threats and Opportunities) der Integration
  - für das Erreichen der Ziele der Anforderungen der Norm zur Aufrechterhaltung der Betriebsfähigkeit und
  - der Empfehlungen der Anleitung zur Steuerung von Organisationen.

Die Bestimmung von Risiken (i.e. Risiken und Chancen in der Sprache der DIN TR 36601) ist im Abschnitt 6.1 der Managementsystemnormen der ISO geregelt. Nach der DIN ISO 31000 ist ein Risiko die Auswirkung von Unsicherheit auf die Ziele des Unternehmens. Diese Auswirkung ist eine Abweichung vom Erwarteten und kann positiv, negativ oder beides sein.[33] Der Risikomanagementprozess kann der DIN ISO 31000 entnommen werden und ist maßgeschneidert

33 DIN ISO 31000, Abschnitt 3.1

an den externen wie internen Kontext des Unternehmens anzupassen. Somit steht es dem Unternehmen frei, sich für ein formales oder weniger formales Risikomanagement zu entscheiden, sofern es nur dem Prozessansatz der Norm folgt. Die Integration der Empfehlungen zum Risikomanagement folgt dem in diesem Handbuch erläutertem Vorgehen.[34]

Die typischen Merkmale eines erfolgreichen Projektplans sind (**beispielhaft – keine Blaupause!**):

Checkliste für den Projektplan

- ☑ Einem »Projektsponsor« aus dem Unternehmen sollte die Verantwortlichkeit für den Start, die Implementierung und die Kontrolle des Projektes zugewiesen werden.
- ☑ Ein funktionsübergreifendes Projektteam aus Einzelpersonen sollte benannt werden, die über die Fähigkeiten, das Wissen und die Zeit zur Durchführung des Projektes verfügen.
- ☑ Der Projektleiter sollte Erfahrung mit Verbesserungsprojekten haben. Es kann sich um den Unternehmenseigentümer handeln, muss es jedoch nicht.
- ☑ Im Projektteam werden umfassende Kenntnisse über die Organisation und ihre Kultur erwartet, denn die Art und Weise der Kommunikation hängt von Faktoren wie der Organisationsstruktur, der Anzahl der Mitarbeiter sowie der Anzahl und Lage der Standorte ab.
- ☑ Das Projektteam muss ein Kommunikationskonzept erarbeiten.
- ☑ Die strategischen Risiken (Gefahren und Chancen) sollten im Rahmen des Integrationsprojektes identifiziert, analysiert und bewertet werden.
- ☑ Kompetentes Personal und geeignete Einrichtungen, der Zugang zu Systemen, Informationen, Unterstützungsmaterialien und -gerätschaften bilden die erforderlichen Ressourcen.
- ☑ Die einzelnen Schritte der Integration mit zugehörigen Aufgaben und Verantwortungen sowie einer für die Realisierung des Ziels angemessenen Zeitachse bilden den Projektplan:
  - ☑ Festlegen oder Entwerfen des Modells für das System der Unternehmensführung, das dem Anwendungsbereich der Integration gerecht wird.

34 IWA 31 »Guidelines on using ISO 31000 in management systems« Abschnitt 5

Checkliste für den Projektplan	
☑	Strukturieren und Konfigurieren der zu integrierenden Anforderungen der Normen.
☑	Prozess-„Mapping“ und Verknüpfen der Anforderungen der Normen mit den Prozessen des Systems der Unternehmenssteuerung.
☑	Analysieren der Lücken einschließlich der Bestimmung des Grads der Konformität und Integration in den Prozessen des Unternehmens.
☑	Schließen der Lücken:
☑	Wenn ein neuer Prozess oder ein neues Verfahren erforderlich wird, sollten der Prozess oder das Verfahren in das Steuerungssystem des Unternehmens integriert werden.
☑	Wenn ein vorhandener Prozess oder ein vorhandenes Verfahren geändert werden muss, ist die Widerspruchsfreiheit mit dem Steuerungssystem des Unternehmens sicherzustellen.
☑	Wenn es Implementierungs- oder Integrationsprobleme (einschließlich etwaiger Verständnisdefizite) gibt, sollten sich Korrekturmaßnahmen darauf konzentrieren, wie das System des Unternehmens beeinflusst oder verbessert werden kann.
☑	Es sollte nachgeprüft werden, dass das Schließen der Lücken funktioniert und ggf. die Wirksamkeit der Korrekturmaßnahme überwacht werden.
☑	Die Prozesse sollten überprüft, überwacht und kontinuierlich verbessert werden. Managementbewertungen sind entscheidend für die Anpassungen des Plans und der Grundsatzerklärung.
☑	Das Unternehmen sollte sich auf das Lernen durch Erkennen und Nutzen von Gelegenheiten für effektivere und effizientere Integration konzentrieren.

Abbildung 6: Checkliste der typischen Merkmale eines erfolgreichen Projektplanes (Beispiel – keine Blaupause!)

3.2 Schritt 2: Verknüpfung der Anforderungen von Managementsystemnormen mit dem Managementsystem (Kapitel 3.4 des IUMSS-HB)

3.2.1 Strukturieren des Managementsystems und der Anforderungen von Managementsystemnormen

Zur Strukturierung des Managementsystems müssen zunächst die Beziehungen zwischen den verschiedenen Grundsätzen, Prozessen, Zielen und Ressourcen der Organisation untersucht werden. Dazu gehört es, die Verbindung zwischen den Steuerungsprozessen, den Prozessen für die Herstellung der Produkte und Dienstleistungen der Organisation mit den Unterstützungsprozessen und den Erfordernissen von Kunden und anderen interessierten Parteien zu verstehen.

Die Strukturierung kann dann in einer für jede Organisation individuell ausgerichteten Art und Weise erfolgen. Zumeist sind die Prozesse die Ausgangsbasis für die Strukturierung, die häufig mithilfe des »Prozess-Mappings« erfolgt. Die Ergebnisse können mit den Anforderungen der Normen verknüpft werden, deren Anwendung in das Steuerungssystem integriert werden sollen. Regelmäßig wird ein einzelnes, strukturiertes Managementsystem mit nur einem Sachthema die Grundlage für die Integration der Anforderungen weiterer Normen bilden.[35] Dabei werden die Organisationen durch die einheitliche Struktur und Terminologie der Normen (die HS) unterstützt.

Nach der Strukturierung des Steuerungssystems sind die Anforderungen der Normen, deren Anforderungen integriert werden sollen, zu analysieren. Diese können aus einer oder aus mehreren Normen stammen. Die Analyse erfolgt durch Vergleich der Anforderungen in den Normen mit den vorhandenen Anforderungen des Steuerungssystems. Die Integration der Anforderungen neuer Normen kann Änderungen bei den Grundsätzen, Prozessen, Zielen und Ressourcen des Systems zur Folge haben, aber keine Änderung in der Struktur des Steuerungssystems. So kann die Effizienz der Organisation verbessert und Redundanzen vermieden werden.[36] Bei der Strukturierung der zu integrierenden Anforderungen der Normen können zumeist folgende Schritte verwendet werden:

35 Die integrierte Anwendung von Managementsystemnormen, Kapitel 3.4.1

36 Die integrierte Anwendung von Managementsystemnormen, Kapitel 3.4.2

Checkliste zur Strukturierung der Anforderungen	
☑	Verstehen der Norm, deren Anforderungen integriert werden sollen
☑	Festlegen, welche Anforderungen eingesetzt werden sollen
☑	Bestimmen der Gemeinsamkeiten der zu integrierenden Anforderungen
☑	Harmonisierung der Anforderungen mit gleichen Zielen aber verschiedenem Inhalt nach einer Entscheidung, ob die Harmonisierung auf dem größten oder kleinsten gemeinsamen Nenner erfolgen soll
☑	Übernahme der Anforderungen mit Gemeinsamkeiten in das Steuerungssystem
☑	Dokumentation der spezifischen Anforderungen der Normen in Listenform
☑	Einbinden der spezifischen Anforderungen in das Managementsystem

Abbildung 7: Checkliste der typischen Schritte zur Strukturierung der Anforderungen (Beispiel – keine Blaupause!)

Fallstudie FS 9
Strukturieren des Steuerungssystems und der Anforderungen der zu integrierenden Managementsystemnormen

Jakob erkennt, dass sein intuitives, gelebtes Steuerungssystem sehr einfach strukturiert ist und dass diese einfache Struktur auch nach Integration der Anforderungen der ABSS, der DIN EN ISO 22301 sowie der Empfehlungen der DIN ISO 31000 und der ISO 37000 sowie später der DIN ISO 37301 beibehalten werden kann. Die Elemente und ihre Beziehungen können vereinfacht schematisch wie folgt dargestellt werden:

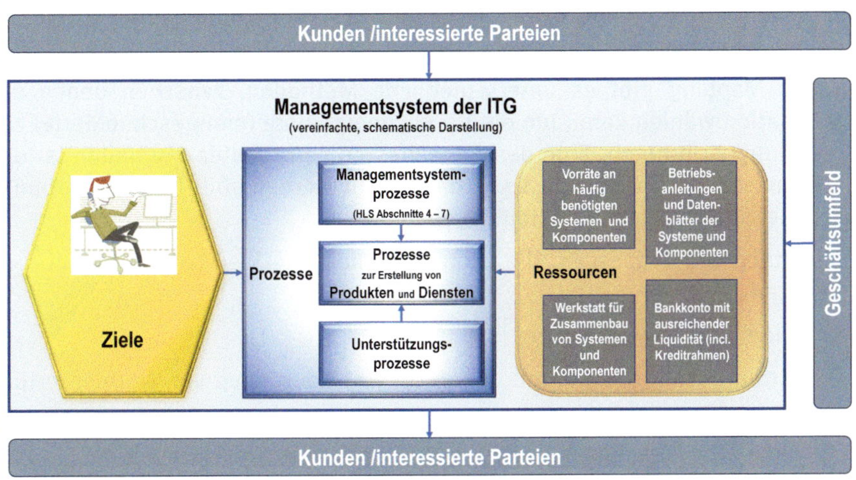

Abbildung FS 9-1: Das Steuerungssystem der ITG

Jakob muss die Anforderungen der genannten Normen ermitteln und strukturieren. Der Berater erläutert ihm die gemeinsame Struktur der MSS, sodass auch die spätere Integration der Anforderungen der DIN ISO 37301 nach dem gleichen Muster schnell und effizient durchführbar sei. So habe er schnell eine solide Grundlage für die Prozesse des Unternehmens zur Verfügung. Jakob merkt, dass die Empfehlungen der DIN ISO 31000 sich aufgrund des auf dem Risikomanagement basierenden Ansätze der Managementsystemnormen ebenfalls relativ problemlos integrieren lassen (siehe dazu Kapitel 3.2.3 dieses Handbuchs).

3.2.2 »Mapping« der Anforderungen der Normen gegen das Managementsystem

Die Organisation soll verstehen, wie die Anforderungen der jeweiligen Norm in ihr (ggf. noch intuitives) gelebtes Managementsystem passen. Es sollte auch festgestellt werden, ob durch die Integration weiterer Anforderungen aus Managementsystemnormen Nutzen entsteht. Der Vergleich der neuen – aus einer (zusätzlich) zu integrierenden Norm – stammenden Anforderungen mit dem gelebten System hilft bei der Fokussierung auf Gemeinsamkeiten und dem Erkennen von Redundanzen. So können getrennte, normfokussierte Systeme bei maximalen Synergien vermieden werden. Diese – »Mapping« genannte – Analyse der Anforderungen ist auch dann sinnvoll, wenn die Organisation schon mehrere normenbezogene Managementsysteme im Einsatz hat, die sie miteinander integrieren will.[37]

Für das Mapping gibt es unterschiedliche Methoden, zwischen denen die Organisation wählen kann, um die für sie geeignetste (maßgeschneiderte) zur Anwendung zu bringen. Eine der am weitesten verbreiteten Methoden ist der Matrixansatz, der in der Fallstudie dargestellt werden soll. Der Schwerpunkt soll dabei auf folgenden Punkten liegen:

- Erkennen von Prozessen, die keine angemessene Wertschöpfung mit sich bringen
- Erkennen von Redundanzen
- Ermittlung der Prozesse, mit denen die Anforderungen von Normen erfüllt werden
- Erkennen von Gemeinsamkeiten der Anforderungen der Normen
- prüfen, ob scheinbar neue Anforderungen bereits von vorhandenen Prozessen erfüllt werden
  - oder mittels einer Anpassung erfüllt werden können
  - oder die Ergänzung neuer Prozesse erfordern
- analysieren, ob und wie die Integration »neuer« Anforderungen in das Managementsystem möglich ist.

37 Die integrierte Anwendung von Managementsystemnormen, Kapitel 3.4.3

Fallstudie FS 10
»Mapping« der Anforderungen der Normen gegen das Steuerungssystem

Jacob muss ermitteln, wie die Anforderungen der DIN EN ISO 22301 sowie die Empfehlungen der DIN ISO 31000 zu seinem Managementsystem passen und welcher Nutzen aus ihrer Integration entsteht. Für dieses Mapping verwendet er einen Matrixansatz. Dafür erarbeitet er zunächst zusammen mit dem Berater und seinem Team die Prozessstruktur und die Prozesse der von der ITG anzuwendenden Normen.

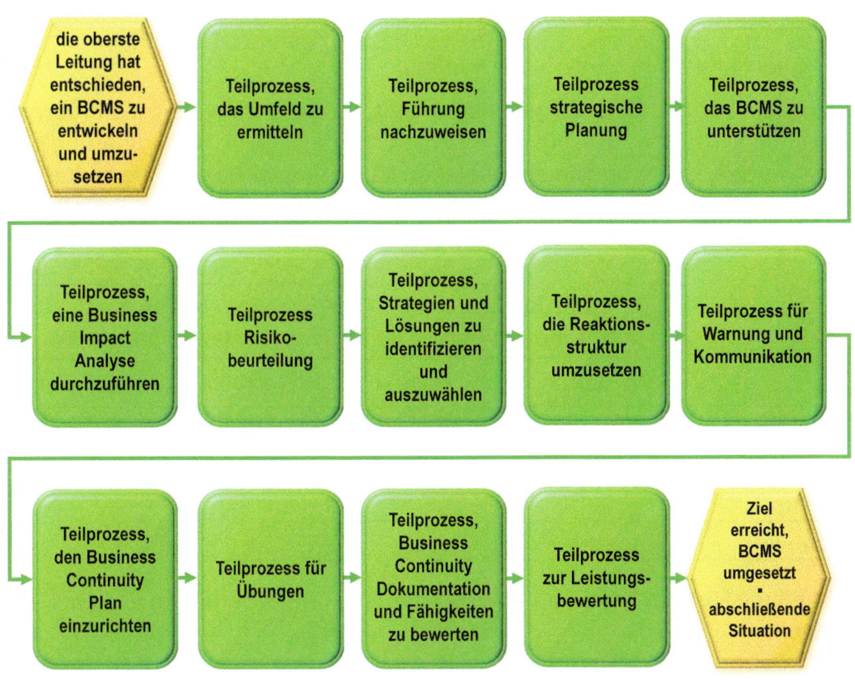

Abbildung FS 10-1: Beispiel – Prozesskette der DIN EN ISO 22301 mit den Teilprozessen und den Anforderungen der Norm

Die Teilprozesse der DIN EN ISO 22301 finden sich im Anhang A2[38].

Anschließend listet er zunächst die Anforderungen und Empfehlungen der DIN EN ISO 22301 in einem Datenblatt des von der ITG dafür verwendeten Programms EXCEL. Dabei werden die Anforderungen und Empfehlungen den Teilprozessen (bzw. Geschäftsprozessen) in einer Matrix zugeordnet (siehe Anhang A3). Der Status des Erfüllungsgrades für die jeweiligen Anforderungen und Empfehlungen wird mittels einer farblichen Kodierung kenntlich gemacht:

- »**Rot**« (wir schwimmen)
- »**Gelb**« (wir müssen noch weiter dran arbeiten)
- »**Grün**« (wir machen nix mehr).
- »**Weiß**« (für diese[n] Prozess[e] nicht relevant)
- »**Blau**« (muss noch bearbeitet werden)

In diesem Datenblatt ist so gekennzeichnet, ob die Anforderung die Prozesse beeinflussen und welche diese sind. Später ergänzt er die Farbkodierung und eine weitere Spalte um die empfohlenen Maßnahmen. Danach erarbeitet die ITG weitere Datenblätter nach gleichem Muster mit weiteren für die Integration relevanten Normen. Die Struktur des Datenblatts sieht wie folgt aus:

	Anforderungen von Managementsystemnormen und Empfehlungen von Managementsystemnormen			
	VN ABSS	ISO 22301	ISO 31000	ISO 37000
Prozess A				
Prozess B				
Prozess ...				
Prozess n				

Abbildung FS 10-2: Struktur des Datenblatts der Anforderungen und Empfehlungen

38 Die Prozesskette (Abbildung FS 10-1) und die Teilprozesse im Anhang A2 mit Genehmigung der Executive Summary Nr. 14 entnommen; https://herdmann.de/executive/nummer14.php?

3.2.3 Menschliches Verhalten und kulturelle Faktoren

Menschliches Verhalten und kulturelle Faktoren werden in den Managementsystemnormen nur selten direkt angesprochen. Menschliche Faktoren werden nur im Grundsatz angesprochen und es wird darauf hingewiesen, dass diese eine bedeutende Auswirkung auf ein Managementsystem haben können.[39] Zusätzlich wird festgehalten, dass auch Überzeugungen (von Führungskräften und Belegschaft) zu den Elementen eines Managementsystems gehören können. In einer anderen Norm wird darauf hingewiesen, dass das Managementsystem menschliches Verhalten einbeziehen kann. In der DIN ISO 45001 (Managementsysteme für Sicherheit und Gesundheit bei der Arbeit) werden die menschlichen Faktoren als Gefährdungsquellen aufgeführt.[40] Auf die (Unternehmens-)Kultur und ihre Auswirkungen wird mehrfach Bezug genommen.

Im Übrigen werden menschliches Verhalten und kulturelle Faktoren durch die Hintertür mit allen Managementsystemnormen über die DIN ISO 31000 Risikomanagement in die Steuerungssysteme eingeschleust. In dieser Norm werden menschlichem Verhalten und kulturellen Faktoren in den Grundsätzen eine zentrale Rolle für ein wirksames Risikomanagement eingeräumt. Beides solle im Risikomanagementprozess durchgängig berücksichtigt werden.[41] Da alle Managementsystemnormen einem auf Risikomanagement basierendem Ansatz folgen müssen,[42] besteht im Zusammenhang mit einem ISO-Normen folgenden Steuerungssystem durchgängig[43] die Aufgabe, sich mit den Auswirkungen des menschlichen Verhaltens und der kulturellen Faktoren auseinanderzusetzen.

Es geht somit darum, in den Prozessen des Steuerungssystems dafür zu sorgen, dass diese (soweit möglich) weder durch menschliches Verhalten noch durch kulturelle Faktoren beeinträchtigt werden. Ein typischer und mitunter schwerwiegender kultureller Faktor sind die Auswirkungen von sogenannter »Distance to Power«, bekannt aus der Flugsicherheit. Die starren kulturellen

39 ISO 9000:2015, Definition 3.10.3, Note 2 to entry, siehe aber auch ISO 9001:2018 7.1.4

40 ISO 45001:2018 Abschnitt 6.1.2.1 und Annex A, Abschnitt A.6.1.2.1

41 ISO 31000:2018 Abschnitt 4 g) und Abschnitt 6.1

42 Auch »risk based approach« oder »risk based thinking« genannt

43 Allerdings wird häufig darauf hingewiesen, dass nach Annex SL kein formales Risikomanagement erforderlich sei und damit die Anwendung der ISO 31000 in Frage gestellt. Die Experten des DIN sind dagegen der Auffassung, dass diese Argumentation unzutreffend ist, weil auch die ISO 31000 kein formales Risikomanagement erfordert, sondern nur Richtlinien und Grundsätze für ein wirksames Risikomanagement bereitstellt, ohne formale Vorgaben (Anforderungen) zu machen.

Regeln streng hierarchischer Kulturen sind eine kritische Gefahr im Cockpit eines Flugzeugs.[44]

Das Efficiency-Thoroughness Trade-Off (»ETTO«) ist das klassische Beispiel für menschliches Verhalten, das die Prozesse des MS beeinflusst. Menschen, insbesondere Führungskräfte der ersten Ebene und erfahrene Mitarbeiterinnen und Mitarbeiter haben eine Tendenz zur Anwendung des ETTO-Prinzips und unterstellen, ihr Geschäft so gut zu kennen, dass sie Abkürzungen bei der Prozessumsetzung nehmen können. Das geht im Regelfall mit einer Unterschätzung der damit verbundenen Risiken einher. Andererseits ist der Umfang der zu bewältigenden Aufgaben häufig so groß, dass die Aufgaben ohne diese Abkürzungen nicht bewältigt werden können und in 9.999 von 10.000 Fällen geht ETTO gut aus.[45] Dieses Phänomen wird in der Organisationsforschung als »brauchbare Illegalität« bezeichnet.[46]

Beide hier dargestellten Beispiele sind mit Risiken verbunden – und zwar im ersten Fall Risiken mit negativem Ausgang und im zweiten Fall Risiken mit sowohl positivem als auch negativem Ausgang. **Diese Verbindung mit Risiken dürfte der Regelfall sein, sodass es sich empfiehlt, den Ansatz zur Behandlung von menschlichem Verhalten und kulturellen Faktoren in der Risikobeurteilung zu suchen.**

---

44 Korean Air Flug 801 – Geert Hofstede, Cultural Dimensions – Helmreich, Robert & Davies, Jan M. (June 2004) »Culture, threat, and error: lessons from aviation« *Canadian Journal of Anesthesia.* **51** (1): R1bis R4. (https://link.springer.com/content/pdf/10.1007%2FBF03018331.pdf). zitiert nach Wikipedia, Impact of power on aviation safety

45 Hollnagel, Erik; The ETTO Principle: Efficiency-Thoroughness Trade-Off: Why Things That Go Right Sometimes Go Wrong (Ashagte Publising 2009)

46 Kühl, Stefan, Brauchbare Illegalität: Vom Nutzen des Regelbruchs in Organisationen (Campus Verlag 2020), S. 11

Fallstudie FS 11
Menschliches Verhalten und kulturelle Faktoren

Jacob wurde auf die Publikationen von Hofstede und Hollnagel aufmerksam gemacht und überlegt, in welcher Form sein Steuerungssystem menschliches Verhalten und kulturelle Faktoren berücksichtigen sollte. Er erstellt eine Checkliste der kulturellen Dimensionen (Hofstede) und eine weitere zum ETTO-Prinzip (Hollnagel) und wendet diese an.

Tabelle FS 11-1: Checkliste zu den kulturellen Dimensionen[47]

Prüfliste zu kulturellen Faktoren	
PDI (Power Distance Index)	**Machtdistanz** Weniger mächtige Individuen akzeptieren und erwarten eine ungleiche Verteilung von Macht, was bei sehr ungleicher Verteilung von Macht (hohe Machtdistanz) problematisch werden kann (Co-Pilot und Pilot). **Die ITG prüft, in welchen Bereichen starke Unterschiede in der Selbstsicherheit der Belegschaft bestehen.**
IVC (Individualism versus Collectivism)	**Individualismus und Kollektivismus** Bei einem hohen IVC-Index sind »Ich-Erfahrung« und Eigenverantwortung wichtig (Schutz der Rechte des Individuums). In einer kollektivistischen Kultur (niedriger IVC-Index) dominiert das »Wir-Gefühl« und die Integration in Netzwerke. **Die ITG prüft, in welchen Bereichen »ein hoher IVC-Index« und in welchen ein niedriger IVC-Index die Arbeitsergebnisse beeinträchtigen.**

47 Nach Hofstede, G. (2011), Dimensionalizing Cultures: The Hofstede Model in Context. Online Readings in Psychology and Culture, 2(1). https://doi.org/10.9707/2307-0919.1014

Prüfliste zu kulturellen Faktoren	
MAS (Masculinity versus Femininity)	**Maskulinität versus Femininität** Bei hohem MAS-Index dominieren typisch männliche Werte (z.B. Konkurrenzbereitschaft und Selbstbewusstsein), bei niedrigem MAS-Index typisch weibliche Werte (z. B. Fürsorglichkeit, Kooperation und Bescheidenheit) **Die ITG prüft, in welchen Bereichen Chancengleichheit besteht und in welchen noch nicht.**
UAI (Uncertainty Avoidance Index)	**Unsicherheitsvermeidung** Kulturen mit hohem UAI wollen Unsicherheit vermeiden und zeichnen sich durch viele Gesetze, Richtlinien und Sicherheitsmaßnahmen aus. Kulturen, die Unsicherheit akzeptieren, sind toleranter und haben weniger Regeln, die im Zweifelsfall veränderbar sind. **Die ITG prüft ihren UAI und wo dieser Ihren Prozessen hilft und wo er diese behindert.**
LTO (Long-Term Orientation)	**Lang- oder kurzfristige Ausrichtung** Der LTO-Index steht für den zeitlichen Planungshorizont in einer Gesellschaft. Er entspringt dem konfuzianischen Erbe und hat nur im asiatischen Raum Relevanz. Werte bei langfristiger Ausrichtung: z.B. Sparsamkeit und Beharrlichkeit; Werte bei kurzfristiger Ausrichtung: z.B. Flexibilität und Egoismus. **Die ITG prüft, ob ihr LTO-Index Ihren Prozessen hilft und wo er diese behindert.**
IVR (Indulgence versus Restraint)	**Nachgiebigkeit und Beherrschung** Bei Prüfung der IVR wird die Bedeutung von Freizeit und Muße, Erreichen von Glück durch Kontrolle über das eigene Leben bewertet. **Die ITG prüft, ob sie ihrer Belegschaft ausreichend Freizeit und Kontrolle über das eigene Leben belässt.**

Tabelle FS 11-2: Checkliste zum ETTO-Prinzip[48]

Prüfliste zum menschlichen Verhalten (die ETTO-Regeln[49])
Im Rahmen der Kontrolle der Umsetzung der Prozessschritte durch die Vorgesetzten (im Vorfeld vor Freigaben) **und** *der Internen Revision (im Nachgang bei der Revision) sollte geprüft werden, welche der ETTO-Aussagen für die Belegschaft zutreffen und ob und wie dies das Prozessergebnis beeinflusst hat. Gegebenenfalls sind Korrekturmaßnahmen einzuleiten.*
Das sieht gut aus. Die Bewertung ergibt: Hier muss nichts gemacht werden und der Arbeitsschritt kann übersprungen werden.
Das ist nicht wirklich wichtig. Hier muss nichts gemacht werden.
Das ist normalerweise in Ordnung. Das muss nicht kontrolliert werden, denn es läuft immer gut, auch wenn es anfangs suspekt aussieht.
Das ist erst einmal gut genug. Hier werden nur die Minimalanforderungen erfüllt.
Später wird jemand anderes das überprüfen. Der hier vorgesehene Test (das vorgesehene Verfahren) kann übersprungen werden.
Das wurde bereits von jemand anderem überprüft. Der hier vorgesehene Test (das vorgesehene Verfahren) kann übersprungen werden.

48 Beispiele nach Hollnagel (Fußnote 44); keine abschließende Liste. Die Organisation sollte Ihre eigene Liste der für Ihre Belegschaft einschlägigen ETTO-Regeln erarbeiten, die dann von den Führungskräften und der Internen Revision im Rahmen der Prozessschritte geprüft wird.

49 Begriffswahl nach Hollnagel (ETTO-Rules) – bei den ETTO-Regeln geht es tatsächlich um Verhaltensweisen der Führungskräfte und der Belegschaft, deren Auswirkungen bewertet werden müssen

Prüfliste zum menschlichen Verhalten (die ETTO-Regeln)
Es gibt keine Zeit (oder Ressourcen), um das derzeit zu erledigen. Also vertagen und später machen (sofern es bis dahin nicht vergessen ist).
Ich erinnere mich nicht, wie man das macht. Und es macht zu viel Mühe, es nachzusehen.
Es sieht wie ein „Y“ aus also ist es vermutlich ein „Y“. Wird schon stimmen.
Wir machen das hier immer so. Also muss man sich keine Sorgen machen, dass der vorgesehene Prozess andere Vorgaben macht.
Wenn du nichts sagst, sag ich auch nichts. Typischerweise wurde eine Regel verletzt.
Ich bin kein Experte, also entscheide Du. Verlagern auf das Wissen und die Erfahrung eines anderen – sehr beliebt bei Entscheidungen von Gruppen (wie einer Geschäftsführung, einem Vorstand oder einem Aufsichtsrat)!

3.2.4 Risikobeurteilung und -behandlung (approach based on risk management/risk-based approach/thinking; IWA 31)

Der auf dem Risikomanagement beruhende Ansatz der Managementsysteme bedeutet nach Auffassung der Autoren dieses Handbuchs, dass die Empfehlungen der ISO 31000 in Managementsysteme integriert werden sollen. Auch der Deutsche Corporate Governance Kodex zählt Risikomanagement zu den Aufgaben guter und verantwortungsvoller Unternehmensleitung. Dafür steht seit 2009 die ISO 31000 zur Verfügung, die nach ihrer turnusmäßigen Revision 2018 auch als DIN ISO 31000 in Deutschland als nationale Norm übernommen wurde. Die Norm steht auf drei Säulen: Grundsätze, Rahmenwerk und Prozess.

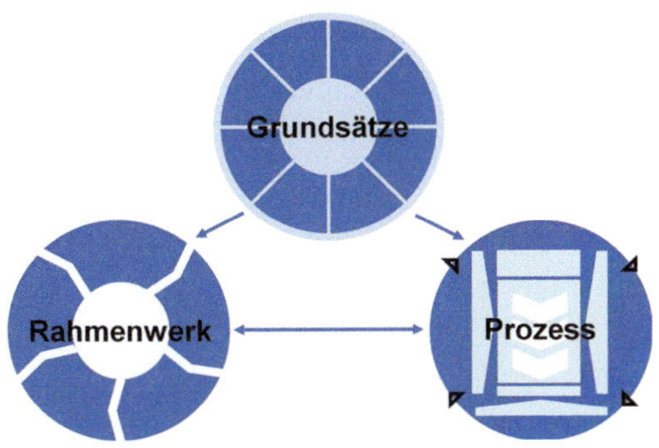

Abbildung 8: DIN ISO 31000 – Grundsätze, Rahmenwerk und Prozess (vereinfacht)[50]

Risikobeurteilung und -behandlung sind dabei Teil des Prozesses. Der Zweck des Risikomanagements besteht darin, Werte zu schaffen und zu erhalten. Die Grundsätze enthalten die um diesen Zweck gruppierten acht Eigenschaften, die für ein wirksames und effizientes Risikomanagement erforderlich sind. Das Rahmenwerk hilft bei der Integration des Risikomanagements in die Aktivitäten und Funktionen der Organisation. Der (Risikomanagement-)Prozess soll integraler Bestandteil von Struktur, Abläufen und Prozessen der Organisation sein.

Die Grundsätze

Die Grundsätze sind die Erfolgskriterien des Risikomanagements. Um die Schaffung und den Schutz von Werten herum sind acht Prinzipien gruppiert.

Die aus Sicht der Autoren dieses Handbuchs wichtigsten Grundsätze werden mit den Begriffen „integriert“ und „maßgeschneidert“ bezeichnet:

- **Integriert:** Risikomanagement soll ein integraler Bestandteil aller Aktivitäten einer Organisation sein. Risikomanagement ist keine alleinstehende Aufgabe eines „Risikomanagers“, sondern steht in der Verantwortung der gesamten Belegschaft. Risikoeigner ist jeder Prozesseigner! Die DIN ISO 31000 verwendet den Begriff des Risikomanagers nicht. Sie kennt nur den Risikoeigner mit Rechenschaftspflicht und Befugnis für den Umgang mit Risiken.[51]
- **Maßgeschneidert:** Es gibt keine Einheitslösung, die für alle Organisationen Regeln vorgibt. Rahmenwerk und Prozesse des Risikomanagements sind an den externen und internen Kontext der Organisation anzupassen und müssen diesem angemessen sowie mit den Zielen der Organisation verbunden sein. Diese Anpassung an die Ressourcen und den Bedarf der Organisation ist von erheblichem Vorteil, insbesondere für kleine und mittlere Unternehmen.

50 DIN ISO 31000 Abbildung 1 (vereinfacht)

51 DIN ISO 31000:2018 Abschnitt 5.4.3

Der Weg zum effizienten und wirksamen Risikomanagement

Die Einleitung der Anwendung der Norm sollte auf den folgenden drei Abschnitten beruhen:

1) das Rahmenwerk einrichten

2) den Prozess einrichten

3) den Prozess anwenden.

– **das Rahmenwerk einrichten**

Die Empfehlungen zum Rahmenwerk finden sich im Abschnitt 5 der DIN ISO 31000. Die sechs Elemente sind:

Abbildung 9: DIN ISO 31000 – Rahmenwerk[52]

Für die Einführung und dauerhafte Wirksamkeit des Risikomanagements sollte die Unternehmensleitung starkes und anhaltendes Engagement zeigen und nachweisen – zum Beispiel in einem Grundsatzdokument (Grundsatzerklärung der Organisation).

52 DIN ISO 31000:2018, Abbildung 3

Die um Führung und Verpflichtung gruppierten Elemente entsprechen dem gesunden Menschenverstand – oder auch: guter und verantwortungsvoller Unternehmensleitung. Eine sorgfältig und gründlich arbeitende Führungskraft wird sie ohnehin bei der Organisation des von ihr zu verantwortenden Geschäfts berücksichtigen. Jedermann ging und geht ständig mit Risiken um, um zu überleben – sei es bei der Begegnung mit einem Raubtier, beim Überqueren einer Straße oder im Rahmen der Kontakte zu anderen Menschen während einer Pandemie.

Abbildung 10: Risikomanagement des frühen Menschen[53]

Die Regeln zum Risikomanagement sollen den in der Geschäftswelt bisweilen verloren gegangenen gesunden Menschenverstand zurückbringen.

– **den Prozess einrichten**

Die Kernelemente des Risikomanagementprozesses finden sich im Abschnitt 6 der Norm.

Der Kernprozess besteht aus den Elementen

- Risikobeurteilung

und

- Risikobehandlung (Teilprozess der Risikoveränderung)

53 https://herdmann.de/publikationen/index.php: Kurze Einführung in effektives und effizientes Risikomanagement nach DIN ISO 31000, Folie 4

Im Teilprozess der Risikobeurteilung werden Risikoidentifizierung, Risikoanalyse und Risikobewertung zusammengefasst, auf den der Teilprozess der Risikobehandlung folgt. Dieser Kernprozess des Risikomanagements wird oftmals sequenziell dargestellt, ist aber in der Praxis iterativ[54].

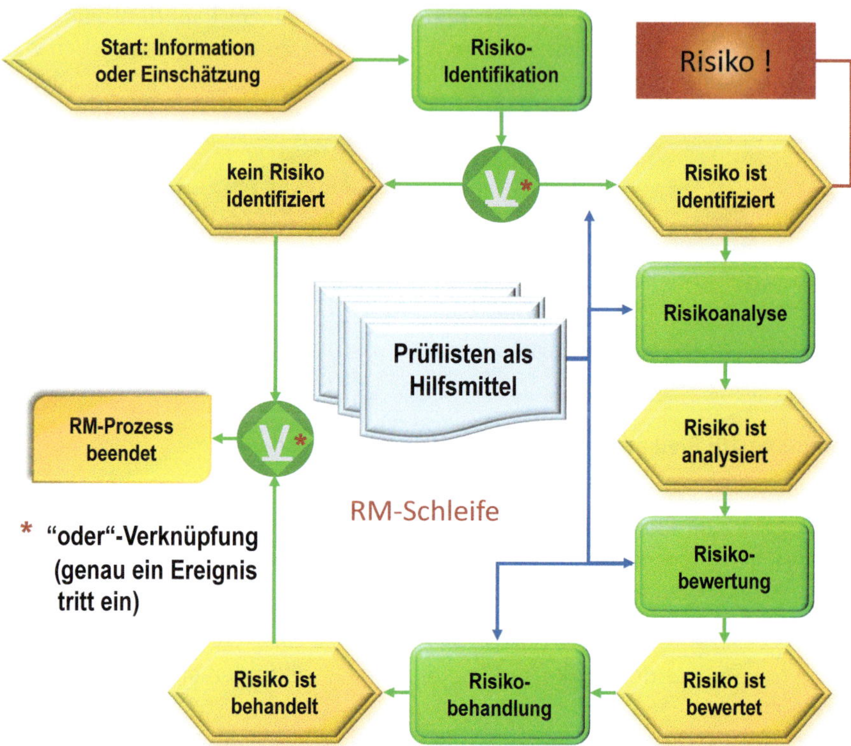

Abbildung 11: DIN ISO 31000: Risikomanagementprozess (vereinfacht)[55]

---

54 Das bedeutet, dass u.U. schon abgeschlossene Einzelschritte des Prozesses später noch einmal wiederholt werden müssen, wenn neue Informationen vorliegen oder eine neue Sachverhaltseinschätzung erfolgt ist.

55 Abbildung des Risikomanagementprozesses abgeleitet aus Abbildung 4 der DIN ISO 31000: 2018-10, als Schleife dargestellt, die in jeden Unternehmensprozess auf einfachste Weise wie ein Erweiterungsmodul (als „Plug-in") integriert werden kann. Abgewandelt entnommen *„Kurze Einführung in effektives und effizientes Risikomanagement nach DIN ISO 31000*, Folie 22 (https://herdmann.de/publikationen/index.php)" Zur Vereinfachung wurde auf die Darstellung der iterativen Natur des Prozesses verzichtet.

In Abschnitt 6.5 der Norm werden einige Optionen zur Risikobehandlung aufgeführt:

- Vermeidung des Risikos durch Umgehung der risikobehafteten Aktivität
- Eingehen oder Erhöhung des Risikos zur Nutzung einer Chance
- Beseitigung der Risikoursache
- Verändern der Wahrscheinlichkeit
- Verändern der Auswirkungen
- gemeinsames Tragen des Risikos (etwa durch Verträge oder Versicherungen)
- Beibehaltung des Risikos auf der Grundlage einer fundierten Entscheidung.

Zur Aktivierung von Synergien empfiehlt es sich, den Risikomanagementprozess bei der Entwicklung und Dokumentation des Managementsystems zu beachten und ihn in dieses zu integrieren.

- **den Prozess anwenden**

Der jeweilige Prozesseigner sollte bei der seinen Prozess auslösenden Information zunächst im Rahmen der Risikoidentifikation prüfen, ob eine fehlerhafte Information oder eine fehlerhafte Einschätzung den Prozess und das Erreichen seiner Ziele beeinflussen könnte. Wenn das nicht der Fall ist, kann mit dem Prozess fortgefahren werden. Anderenfalls sind zunächst die weiteren Schritte der Risikobeurteilung (Risikoanalyse und Risikobewertung) anzuwenden.

Die Risikobeurteilung sollte systematisch, iterativ und kollaborativ durchgeführt werden. Ganz wesentlich ist die Risikoidentifikation, da nur ein identifiziertes Risiko auch behandelt werden kann. Zu beachten ist dabei, dass Risiken sich über die Zeit entwickeln und unter Umständen in ihren Anfangsstadien kaum erkannt werden.

Der Schritt der Risikoidentifikation sollte wiederholt werden, sobald eine neue Information und/oder Einschätzung den Geschäftsprozess betrifft (was neuerdings auch von einigen unter dem Begriff »emerging risk« als eigene Risikokategorie betrachtet wird).

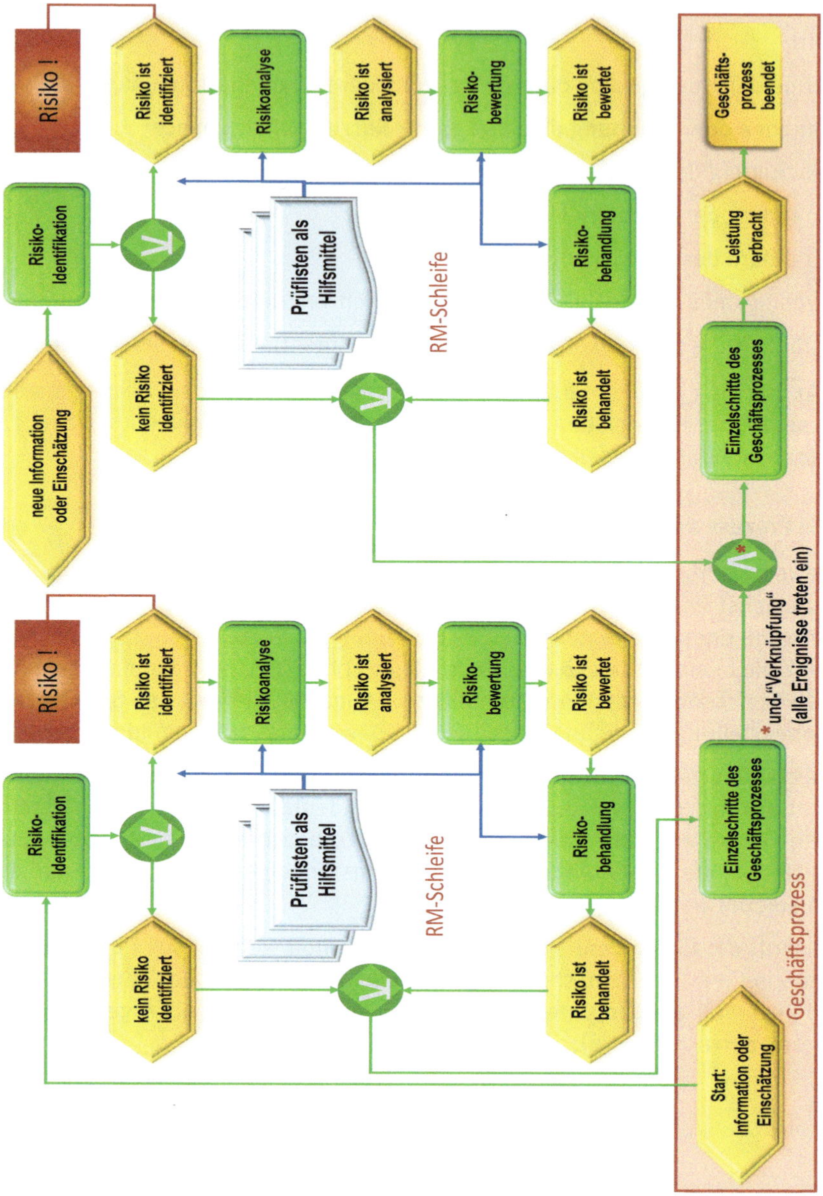

Abbildung 12: Schematisches Schaubild zur Integration des Risikomanagements in einen Geschäftsprozess[56]

56 Entnommen *„Kurze Einführung in effektives und effizientes Risikomanagement nach DIN ISO 31000*, Folie 24 abgewandelt (https://herdmann.de/publikationen/index.php)"

IEC 31010:2019 und IWA 31

Im Juni 2019 wurde die aktualisierte Fassung der IEC 31010 (Risikomanagement – Verfahren zur Risikobeurteilung) veröffentlicht. Hierin finden sich wie in einem Readers Digest die Beschreibungen zahlreicher Verfahren zur Risikobeurteilung, von einfachen Checklisten und Brainstorming bis hin zu komplexen Methoden, die nur große Unternehmen benötigen und bewältigen werden.

Das im März 2020 veröffentlichte IWA 31 (Risk Management – Guidelines on using ISO 31000 in management systems) stellt Grundsätze zur Integration und Nutzung der ISO 31000 in Managementsystemnormen zur Verfügung. Risikomanagement sollte immer dann angewandt werden, wenn es Informationen oder Einschätzungen gibt, die einen Prozess oder eine Tätigkeit auslösen oder ergänzen, oder wenn es eine Änderung im Umfeld der Organisation gibt.[57]

Die Norm zum Risikomanagement kann auch als allumfassende Klammer für das Steuerungssystem einer Organisation bezeichnet werden.[58]

Fallstudie FS 12
Risikobeurteilung und -behandlung

Jacob beschäftigt sich mit der DIN ISO 31000:2018 und stellt fest, dass sie eine gute Grundlage für sein Steuerungssystem bildet. Die in der DIN ISO 31000 enthaltenen Empfehlungen sollen daher ebenfalls in das Steuerungssystem und die Prozesse seines Unternehmens integriert werden. Daher fertigt er zusammen mit seinem Team und dem Berater ein weiteres Datenblatt nach dem Muster der im FS 10 erarbeiteten Matrix mit den Empfehlungen der DIN ISO 22301.

3.2.5 Unternehmenssteuerung nach ISO 37000

3.2.5.1 Grundlagen

„Governance of organizations" wird als System definiert, durch welches die Organisation geführt, überwacht und zur Verantwortung gezogen wird.[59] Es sei mit Einführung und Verantwortung für den Zweck und die Parameter der

57 DIN Spec IWA 31, Abschnitt 5, Abs. 6

58 Herdmann, Frank: Drei Schritte zum effektiven und effizienten Risikomanagement nach DIN ISO 31000; Berlin, Wien Zürich – Beuth 2018; S. 35

59 ISO 37000:2020, Abschnitt 3.1.1

Organisation verbunden. Management dagegen drehe sich darum, die mit diesen Parametern verbundenen Ziele zu erfüllen.[60] Der Abschnitt 5 der Norm befasst sich mit dem bereits in ihrem Abschnitt 3.3.3 definierten Begriff des „Governing Body". Abschnitt 5.1 der Norm weist darauf hin, dass Zusammensetzung und Struktur des Führungsgremiums sich von einer Organisation zur anderen unterscheiden, und legt fest, dass das Führungsgremium immer als Kollektiv zu handeln habe. Und dies erfolgt entgegen sonstiger ISO-Praxis, keine Vorgaben zum „Wie" der Umsetzung einer Norm zu machen. Außerdem werden Anforderungen an die Mitglieder des Gremiums (Kompetenz, Diversität, Unabhängigkeit im Denken, Leistungsvermögen und Integrität etc.) gestellt.

In diesem Sinn soll sichergestellt werden, dass die integrierten Anforderungen und Empfehlungen der verwendeten Managementsystemnormen und unterstützenden Managementnormen relevant sind sowie unternehmerischen Nutzen erzielen. Insbesondere die Themen „Effective Performance", „Responsible Stewardship" und „Ethical Behaviour" sind als Ergebnisgrößen definiert.

Im Detail:

Die Norm beschreibt im Abschnitt 6 zunächst die angestrebten Steuerungsergebnisse (Governance Outcomes):

a) **Wirksame Leistung** (effective performance) – die Organisation steht zu ihrem Zweck, arbeitet wie erforderlich, erzielt Werte für die interessierten Parteien und befolgt die Regeln

b) **Verantwortungsvolle (und sparsame) Verwaltung** (responsible stewardship) – die Organisation nutzt Ressourcen in verantwortlicher Weise, gleicht negative und positive Auswirkungen wirksam aus, beachtet ihr globales Umfeld und sichert ihre langfristige Nachhaltigkeit

c) **Ethisches Verhalten** (ethical behaviour) – die Organisation beweist Verantwortlichkeit, berichtet korrekt und termingerecht über ihre Leitung und die sparsame Verwaltung von Ressourcen; sie beweist Fairness bei der Behandlung von interessierten Personen, Integrität und Transparenz bei der Erfüllung ihrer Pflichten und Versprechen sowie Kompetenz und Redlichkeit beim Fällen von Entscheidungen.

Abschnitt 7 ist der Hauptteil der ISO 37000 und befasst sich ausschließlich mit den elf Grundsätzen der Unternehmenssteuerung. Dabei wird zwischen fünf sogenannten „grundlegenden Steuerungsgrundsätzen" (Foundational Governance Principles) und sechs sogenannten „befähigenden Steuerungsgrund-

60 ISO 37000:2020, Abschnitt 4.2.2

sätzen“ (Enabling Governance Principles) unterschieden (s. Kapitel 1.2 und Abbildung 1).

3.2.5.2 Die fünf grundlegenden Steuerungsgrundsätze

Abbildung 13: Grundlegende Steuerungsgrundsätze

- **Zweck**

Das Führungsgremium sollte sicherstellen das der Zweck der Organisation seine Absichten ausdrückt und dass die Werte und Kultur der Organisation darauf abgestimmt und darin eingebettet sind. Dieser Grundsatz ist für die Norm von zentraler Bedeutung.

- **Schaffung von Werten**

Das Führungsgremium sollte das übergreifende Modell der Organisation festlegen, nach dem sie Werte schafft und erhält. Das Modell ist abhängig von den Zielen der interessierten Parteien und schließt u.U. immaterielle Werte ein. Das Führungsgremium trägt die Verantwortung und haftet für die ihm anvertrauten Werte.

– **Strategie**

Die Strategie sichert Zweck und Ziele der Organisation, und das Führungsgremium sollte eine angemessene Balance zwischen der Schaffung von Werten in der Gegenwart und Innovationen zur Schaffung von Werten in der Zukunft im Rahmen des übergreifenden Modells zur Werteschaffung herstellen. Das Führungsgremium sollte die für die Schaffung von Werten am besten geeignete Strategie absichern, indem Ressourcen ausgeglichen werden und in Innovationen investiert wird.

– **Überwachen**

Das Führungsgremium sollte die Leistung der Organisation und die Umsetzung ihrer Grundsatzerklärungen wirksam überwachen, um abzusichern, dass sie innerhalb ihrer Steuerungsparameter einschließlich der Gesetze, Regeln und freiwilligen Pflichten bleibt. Das setzt Kompetenz und organisatorische Fähigkeiten sowie die Beherrschung eines Revisionsprozesses voraus.

Das Führungsgremium sollte die Fähigkeiten der Organisation absichern (einschließlich in einem Compliance Management System, in internen Kontrollen, in Beziehungen zu Dritten, die die Werte und die Risikoneigung der Organisation beachten, sowie in Revisionsprozessen, wozu sich das Leitungsgremium ausdrücklich bekennen sollte. Mehrere Möglichkeiten für Revisionsprozesse werden vorgeschlagen).

– **Verantwortlichkeit**

Das Führungsgremium sollte seine (kollektive) Verantwortung für die Organisation demonstrieren und seine Aufgaben so erfüllen, dass Vertrauen und Transparenz gefördert werden. Auch bei der Delegation von Aufgaben bleibt die Verantwortung beim Führungsgremium.

In der Praxis sollte das Führungsgremium Aufgaben und Befugnisse delegieren, aber die Gesamtverantwortung für die Organisation behalten. Dabei zu beachtende Elemente werden im Einzelnen beschrieben.

3.2.5.3 Die sechs befähigenden Steuerungsgrundsätze

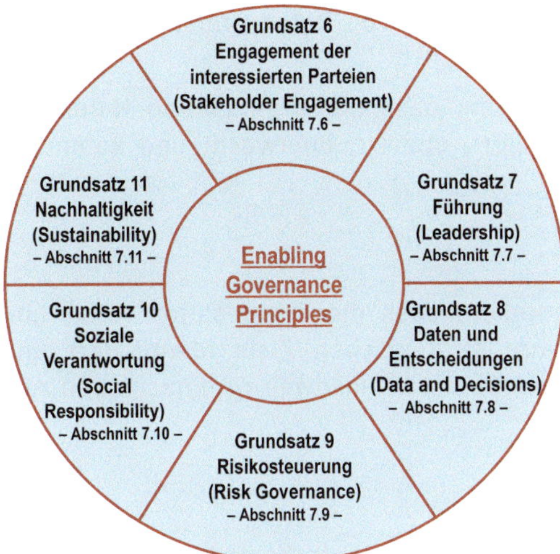

Abbildung 14: Befähigende Steuerungsgrundsätze

- **Engagement der interessierten Parteien**

Das Führungsgremium ist dafür verantwortlich, dass die Beziehungen mit den interessierten Parteien auf ethischem Verhalten und Gewohnheiten beruhen, die über die Zeit Werte für die Organisation schaffen. Dem Führungsgremium werden Hinweise gegeben, wie es in diesem Zusammenhang erfolgreich sein kann.

- **Führung**

Das Führungsgremium soll die Organisation ethisch und wirksam anleiten. Werte und kulturelle Führung müssen von der Unternehmensspitze kommen. Das Verhalten des Führungsgremiums bildet das Vorbild für das Verhalten der Organisation. Sichtbare, verantwortungsvolle und kompetente Überwachung sichert, dass die Organisation den festgelegten Positionen folgt. Klare Kommunikation und gegenseitiges Verständnis der Erwartungen ist erforderlich.

- **Daten und Entscheidungen**

Das Führungsgremium soll Daten als wertvolle Ressourcen für Entscheidungen erkennen und mit deren strategischen und betrieblichen Potenzialen verantwortungsvoll und angemessen umgehen. Daten sind das Rohmaterial für

Informationen, die u. a. den Risikomanagementprozess starten. Dieser Wert bringt potenzielle Risikoerhöhungen mit sich, sodass bei der Beurteilung eines angemessenen Sicherheitsniveaus das Risiko von Datenverlust und falscher Weitergabe etc. beurteilt werden muss.

Das Führungsgremium soll sicherstellen, dass die Organisation Natur und Umfang ihrer Datennutzung identifiziert, steuert, überwacht und kommuniziert.

– **Risikosteuerung**

Das Führungsgremium soll sicherstellen, dass die Organisation Natur und Umfang der Unsicherheiten für ihre strategischen Ziele identifiziert und behandelt – kurzum Risikomanagement betreibt. Insoweit wird nach oben zum Kapitel 3.2.4 verwiesen.

– **Soziale Verantwortung**

Das Führungsgremium soll darauf achten, dass Entscheidungen transparent und abgestimmt auf die breiteren gesellschaftlichen Erwartungen sind. So demonstriert sie ethisches Verhalten und erzeugt proaktiv nachhaltiges Wohlbefinden. Gesetzeskonformität reicht oft nicht aus, da das Gesetz häufig hinter der gesellschaftlichen Erwartung zurückbleibt und nur minimale Verhaltensnormen festlegt. Es genügt nicht, rechtlich zulässige Handlungen zuzulassen, aber Erwartungen von interessierten Parteien und der Gesellschaft zu missachten. Unterschiedliche rechtliche und etische Normen in verschiedenen Rechtssystemen sollen nicht ausgenutzt werden.

Kernthemen in diesem Zusammenhang betreffen die Umwelt und die Bedürfnisse zukünftiger Generationen. Eine sozial verantwortungsvolle Organisation übernimmt die Verantwortung für ihre Auswirkungen auf die Gesellschaft. Zehn Beispiele für die praktische Umsetzung werden aufgeführt.

– **Nachhaltigkeit**

Das Führungsgremium soll sicherstellen, dass die Organisation überlebensfähig bleibt, ohne die Bedürfnisse der gegenwärtigen oder zukünftiger Generationen zu beeinträchtigen. Es hat die vorrangige Verantwortung sicherzustellen, dass die Organisation ihren Zweck im Zeitablauf erreichen kann.

Das Führungsgremium sollte das Modell der Wertegenerierung der Organisation darstellen, die Beziehungen zwischen den Systemen identifizieren und die Überlebensfähigkeit der Organisation steuern.

Fallstudie FS 13
Unternehmenssteuerung – Steuerungsgrundsätze und -ergebnisse

Auch für die Empfehlungen der ISO 37000 fertigen Jakob und sein Team mit Unterstützung des Beraters ein weiteres Spreadsheet nach dem Muster der im FS 10 erarbeiteten Matrix.

Jakob bespricht die Auswirkungen der in der ISO 37000 festgelegten Grundsätze mit dem Berater der ITG. Manche der Grundsätze wiederholen sich in der Norm, und viele der Grundsätze sind in ähnlicher Form bereits anderweitig dokumentiert, sodass sich die Frage stellt, wie man mit solchen Doppelungen im spezifischen Managementsystem umgehen soll. Jakob fragt den Berater, welche konkreten Handlungsvorgaben (Anforderungen) aus den Grundsätzen folgen.

Der Berater erläutert die Unterschiede zwischen den grundlegenden und den befähigenden Steuerungsgrundsätzen. Unternehmenszweck, Schaffung von Werten, Strategie, Überwachung und Verantwortlichkeit berühren unmittelbar die Kompetenzen der Unternehmensleitung. Die sechs befähigenden Grundsätze betreffen hingegen das Gesamtunternehmen. Jakob und der Berater sprechen die im Haupttext dieses Handbuchs erläuterte Bedeutung der elf Grundsätze für das Unternehmen im Einzelnen durch. Auch die ISO 37000 ist eine das Steuerungssystem unterstützende Managementnorm – auch ihr kommt (wie der DIN ISO 31000) eine Klammerfunktion zu. Der Berater erläutert Jakob, dass sich die Berücksichtigung ihrer Grundsätze empfiehlt, deren Beachtung, wie bereits erläutert, Teil global bewährter Muster (best practice) bei der Leitung von Organisationen ist. Die Anwendung der Grundsätze beider Normen diene somit unmittelbar ihm als Leiter des Unternehmens, da dadurch seine Haftungsrisiken reduziert würden.

Anschließend schlägt der Berater vor, aus der HS unter Einbindung der Grundsätze der ISO 37000 ein »virtuelle Unternehmenssteuerungssystemnorm« zu erstellen und deren Anforderungen in das Steuerungssystem der ITG zu integrieren bzw. es der Integration als Basis zugrunde zu legen. Jakob bittet um die Umsetzung und will an der Erarbeitung der »virtuellen Norm« mitwirken. Gemeinsam erarbeiten sie diese „virtuelle Norm“ mit Anforderungen an ein betriebliches Steuerungssystem:

Sicherheit und Resilienz – betriebliche Belastbarkeit – Anforderungen an ein betriebliches Steuerungssystem

Inhalt

4 Anwendungsbereich

5 Normative Verweisungen

6 Begriffe

7 Umfeld der ITG

8 Führung der ITG

9 Planung

10 Unterstützung

11 Betrieb

12 Bewertung der Leistung

13 Verbesserung

Die Abschnitte dieser »virtuellen Norm« sind im Anhang A1 dieses Handbuches weiter untergliedert und mit Inhalten gefüllt, sodass sich eine virtuelle Musternorm mit der folgenden (stark vereinfachte) Prozesskette ergibt.

Abbildung FS 13-1: Die Prozesskette der virtuellen Norm „ABSS“ mit ihren Teilprozessen und Anforderungen

Jakob erkennt die Ähnlichkeit mit der Prozesskette der DIN EN ISO 22301 (Abbildung FS 10-1) und fragt den Berater der ITG nach den Ursachen. Dieser verweist auf das System der Managementsystemnormen der ISO und die diesen zugrunde liegende HS. Auch hier wird ein Matrix-Datenblatt angelegt (siehe oben FS 10).

3.3 Schritt 3: Einbindung der MSS-Anforderungen in das Managementsystem (Kapitel 3.5 des IUMSS-HB)

3.3.1 Lücken erkennen und analysieren (Einbinden von Prozesseignern)

Das in Kapitel 3.2.2 erläuterte »Mapping« verknüpft also das Steuerungssystem der Organisation mit den Anforderungen der ausgewählten Normen. Der nächste logische Schritt ist das Erkennen von Lücken zwischen dem vorhandenen Managementsystem und den Anforderungen der Normen und deren Analyse. Dieser Schritt setzt voraus, dass bei den Durchführenden ein umfangreiches Verständnis der Grundsätze, Prozesse, Ziele und Ressourcen gegeben ist. Soweit hier noch Lücken festgestellt werden, sollten die verantwortlichen Mitarbeiter und Mitarbeiterinnen unverzüglich geschult werden.

Das Verstehen (und Analysieren) der Prozesse einschließlich der zugehörigen Ressourcen und der Ziele der Organisation muss als Erstes erfolgen. Danach werden die Anforderungen der Normen mit allen definierten Prozessen verglichen.

Dazu gibt es eine Fülle von Werkzeugen, beispielhaft sei hier wieder der Matrixansatz genannt.

Es soll an dieser Stelle betont werden, dass eine sorgfältig und fachmännisch ausgeführte Lückenanalyse den Grundstein für nachfolgende Maßnahmen legt. Gleichzeitig ermöglicht sie der Organisation den glaubwürdigen Nachweis der geleisteten Arbeit und schafft Vertrauen u.a. bei Kunden, Behörden und Zertifizierern. Innerhalb der Organisation kann sie das Verständnis für die Erfüllung der Anforderungen von Normen erhöhen und insbesondere bei Veränderungen der Anforderungen wieder als Basis für eine Überprüfung der Konformität und der Gefahren und Chancen dienen.

Vorgehensweise:

Organisationen können unterschiedliche Erfüllungsgrade bezüglich der Anforderungen einer oder mehrerer Normen aufweisen. Beispielsweise müssen nach DIN ISO 37301 und DIN EN ISO 22301 dokumentierte Informationen auf der Grundlage von Abschnitt 7.5.3 „Steuerung dokumentierter Informationen“ erstellt und aufbewahrt werden.

Eine typische Fragestellung im Rahmen der Integration ist: Gibt es eine gemeinsame Organisationsmethodik, die sich mit der Lenkung dokumentierter Informationen befasst, insbesondere für Compliance und Business Continuity? Erfüllt diese Methodik alle Anforderungen dieser beiden Normen?

Eine Organisation sollte jedes Mal, wenn eine neue Norm oder eine andere Anforderung in die Organisation eingeführt wird, die Lücken ermitteln und analysieren. Wenn zwei oder mehr Normen zur gleichen Zeit eingebunden werden, kann die Organisation einen integrierten Ansatz wählen und eine gemeinsame oder verbundene Lückenanalyse von Anforderungen durchführen.[61]

Die Analyse der Lücken folgt im Grunde genommen den Schritten, die typisch für Audits oder Bewertungen sind:

Checkliste für die Lückenanalyse

- ☑ Erkennen und Verstehen der Anforderungen der Managementsystemnormen.
- ☑ Sammeln und Verifizieren von Informationen in Bezug auf das Steuerungssystem.
- ☑ Vergleichen der Steuerungssystem-Informationen mit den Anforderungen zum Nachweis der Erfüllung.
- ☑ Ermitteln der Möglichkeiten zur Integration einschließlich Überlappungen und Synergien:
  - ☑ zwischen den Anforderungen unterschiedlicher Normen und
  - ☑ zwischen verschiedenen Bestandteilen des Steuerungssystems (z. B. Prozesse, Ressourcen und Ziele).

Abbildung 15: Checkliste der typischen Schritte für die Lückenanalyse (Beispiel – keine Blaupause!)[62]

Der Output einer Lückenanalyse ist entweder ein zusammenfassender oder ein ausführlicher Bericht über die in der voranstehenden Checkliste aufgeführten Schritte 3 und 4[63] Ein zusammenfassender Bericht kann z. B. enthalten:

- den Zweck der Lückenanalyse,
- den Ansatz für die Lückenanalyse,
- eine Zusammenfassung der Ergebnisse und
- Empfehlungen.

61 Die integrierte Anwendung von Managementsystemnormen, Kapitel 3.5.1

62 Die Schritte sind dem Handbuch „Die integrierte Anwendung von Managementsystemnormen, Kapitel 3.5.1“ (S. 62 unten) entnommen

63 Die integrierte Anwendung von Managementsystemnormen, Kapitel 3.5.1

Ein ausführlicher Bericht kann z. B. enthalten:

- eine vollständige Matrix der Lückenanalyse,
- eine Liste der analysierten Anforderungen der Managementsystemnormen,
- überprüfte Prozesse,
- überprüfte dokumentierte Informationen,
- befragte Personen,
- Ergebnisse, einschließlich Integrationsmöglichkeiten.

Für das Erkennen und Analysieren von Lücken ist eine Zusammenarbeit innerhalb der Organisation unerlässlich: Prozessverantwortliche und Experten für die Systemanforderungen sollten die Aufgaben gemeinsam bewältigen. Für Teilaufgaben wie etwa die Business-Impact-Analyse können die Verantwortlichen zuerst fachliche Lösungsansätze entwickeln, die am Anschluss einer internen Konformitätsprüfung unterzogen werden.

Fallstudie FS 14
Lücken erkennen

Jakob und der Berater der ITG wenden zusammen mit den Führungskräften der ITG die Schritte zur Ermittlung und Analyse der Unterschiede zwischen dem vorhandenen Managementsystem und den betroffenen Normen an. Dabei greifen sie auf die beim Mapping erstellten Tabellen für die vier relevanten Normen zurück und ergänzen die Farbmarkierung für die Dokumentation der Lücken. Stark vereinfacht sieht das Ergebnis dann auf Normenebene wie folgt aus:

	Anforderungen von Managementsystemnormen und Empfehlungen von Managementsystemnormen			
	VN ABSS	ISO 22301	ISO 31000	ISO 37000
Prozess A	grün	rot	blau	gelb
Prozess B	grün	weiß	rot	blau
Prozess ...	blau	blau	blau	blau
Prozess n	gelb	grün	gelb	rot

Legende:

VN ABSS = virtuelle Norm »Anforderungen an ein Betriebliches Steuerungssystem«

- rot = nicht erfüllt (z. B. Prozess deckt die Anforderungen nicht ab)
- gelb = teilweise erfüllt (z. B. Prozess vorhanden, aber nicht implementiert)
- grün = erfüllt
- weiß = nicht relevant
- blau = muss noch bearbeitet werden

Abbildung FS 14-1: stark vereinfachtes Beispiel der Lückendokumentation[64]

Sodann können die Datenblätter um weitere Spalten ergänzt werden, um eine To-do-Liste der für die Integration erforderlichen Maßnahmen zu erhalten (Beispiel zur DIN EN ISO 22301 siehe Anhang A3). In einem weiteren Datenblatt (Beispiel siehe Anhang A4) werden zuvor die Ergebnisse konsolidiert, um Überlappungen kenntlich zu machen und Redundanzen im integrierten ganzheitlichen Steuerungssystem zu vermeiden. Bei mehr als fünf Normen könnte die Nutzung einer relationalen Datenbank erwogen werden.

64 Vergleiche Bild 3-3 in: Die integrierte Anwendung von Managementsystemnormen, Kapitel 3.5.1

3.3.2 Schließen der Lücken

Die Organisation benötigt Einvernehmen bezüglich der vorhandenen Lücken sowie einen Plan zum Schließen der Lücken. Dieser Plan sollte die Ermittlung von Zielen und Kennzahlen beinhalten. Erkannte Lücken können das Ergebnis von kritischen Ursachen sein, so beispielsweise fehlendes Verständnis dafür, wie eine Anforderung der Normen zu erfüllen ist. Zudem kann es systematische Schwächen geben, die auf umfassenderen Problemkreisen der Organisation wie etwa unzureichend definierte Wechselbeziehungen zwischen Prozessen oder dem Fehlen von Prozessen beruhen, die sich mit der Anforderung der Managementsystemnormen befassen. Es können auch Möglichkeiten zur Verbesserung in Bezug auf die integrierte Anwendung von Normen bestehen.[65]

Typische Schritte zum Schließen von Lücken umfassen:

- Bestimmung von Maßnahmen bei **fehlenden** Elementen: Dazu gehört zum Beispiel das Entwickeln von nicht vorhandenen, aber geforderten Prozessen und der dazugehörigen dokumentierten Informationen sowie die Aus- und Weiterbildung der Belegschaft einschließlich der Mitglieder des Führungsgremiums.
- Durchführung von Maßnahmen zur **Änderung** bei den Bestandteilen des Steuerungssystems, damit sie den Anforderungen der MSS entsprechen
- Maßnahmen zur **Optimierung**: Integration der Anforderungen mehrerer MSS oder mehrerer Bestandteile des MS zu einem einzelnen Bestandteil, z. B. die Kombination mehrerer Prozesse für die Lenkung dokumentierter Informationen in einen einzelnen Prozess
- Maßnahmen zur Behebung von Verständnislücken
- Bestimmung von Ressourcen und Plänen für die zeitliche Steuerung der Maßnahmen.

Der integrierte Ansatz soll[66]

- sich auf die Prozesse der Organisation konzentrieren,
- das Steuerungssystem daraufhin bewerten, ob eine Anforderung einer Managementsystemnorm neu oder bereits in Anwendung ist,
- eine Entscheidung zum Schließen der Lücke fällen. Einige Möglichkeiten sind:

65 Die integrierte Anwendung von Managementsystemnormen, Kapitel 3.5.2

66 Die integrierte Anwendung von Managementsystemnormen, Kapitel 3.5.2

- Ergänzen des vorhandenen Bestandteils des Steuerungssystems (z. B. ein Prozess, Ressourcen und Ziel) zur Erfüllung einer neuen Anforderung einer MSS
- Ersetzen eines vorhandenen Bestandteils des Steuerungssystems
- Hinzufügen eines neuen Bestandteils des Steuerungssystems, nachdem die Möglichkeiten zur Kombination mit einem vorhandenen Bestandteil des Steuerungssystems überprüft wurden
- Diskussion über Umsetzungsbarrieren, um diese zu beseitigen.

Fallstudie FS 15
Lücken schließen

Jakob und der Berater der ITG haben gute Arbeit bei der Erkennung und Analyse der Lücken geleistet. Sie ergänzen die Matrix nun um weitere Spalten: Die Aktivitäten „Maßnahmenvorschläge", „verantwortliche Funktion/Person" sowie „Plandatum" und ein weiteres Feld „Erledigungsstatus":

Dabei stellen sie fest, dass der PDI (Power Distance Index) und der IVC (Individualism versus Collectivism Index) (siehe oben Tabelle FS 11-1) besondere Aufmerksamkeit verdienen, da sie nicht leicht zu erkennen und analysieren sind und die Mitarbeit sowohl der Führungskräfte als auch der Durchführenden benötigen. Sie identifizieren Fälle, in denen starke Persönlichkeiten in der Belegschaft Vorgänge dominieren und dadurch nur zweitbeste Ergebnisse erzielt werden (PDI) und beschließen Schulungsmaßnahmen und Coachings in den betroffenen Teams. Das Gleiche gilt für Fälle des IVC.

3.3.3 Bestätigen, dass die Lücken geschlossen sind

Nach dem Schließen einer Lücke wird eine **Überprüfung** durchgeführt, ob die zuvor genannten Maßnahmen vollständig implementiert wurden.

Vorgehensweise:

Es sollte festgestellt werden, ob alle Aktivitäten zum Schließen der Lücke effektiv sind. Dies kann durch regelmäßige interne oder externe Bewertungen, zeitnahe Managementbewertungen oder ein geeignetes Reporting erreicht werden.

Wichtig dabei ist, dass insbesondere bei Anpassung des Steuerungssystems der Organisation oder Änderungen der MSS sichergestellt wird, dass diese Änderungen die **Systemleistung** des MS nicht gefährden.

Fallstudie FS 16
Bestätigen, dass die Lücken geschlossen sind

Jakob und seine Führungskräfte bestimmen die Bewertungsart für die einzelnen Maßnahmen.

Insbesondere die Themen PDI und IVC werden aufgrund ihrer Komplexität mehrmals in nächster Zeit durch kurze, fokussierte interne Audits bewertet, um zu zeigen, dass das vollständige Schließen einen hohen Stellenwert für das Unternehmen hat.

Diese kurzen Audits, die bei der ITG in Zukunft zur besseren Abgrenzung »Kurzbewertungen« genannt werden, erfolgen idealerweise auf derjenigen Ebene, auf der die Wirksamkeit am besten feststellbar ist, bei Änderungen operativer Prozesse also bei den Durchführenden. Es sollte dabei unbedingt der Nutzen in den Vordergrund gestellt werden.

Bei jedem Prozess werden sowohl kulturelle als auch menschliche Faktoren berührt, sodass die Ergebnisse der Kurzbewertungen bei der ITG in kurzen Abständen sowohl auf der Führungsebene als auch bei den Verkäufern, dem Einkauf, den Monteuren und in der Verwaltung im Rahmen der regelmäßigen Besprechungen abgefragt werden. Für diese Aufgabe sind spezifische Verantwortliche (»Facilitatoren«) benannt und hierzu speziell geschult worden.

3.3.4 Die Integration erhalten und verbessern

Wenn die Lücken erfolgreich geschlossen sind, ist es die Aufgabe der Organisation, dafür zu sorgen, dass dies erhalten bleibt. Der Wert der Integration zeigt sich in der Leistungsfähigkeit der Organisation.[67] Dazu ist die regelmäßige Überwachung und Überprüfung des Systems sinnvoll. Das Gleiche gilt für die fortlaufende Verbesserung. Die Prüfung erfolgt beispielsweise durch

- die Überprüfung des anhaltenden Engagements des Führungsgremiums, z. B. durch sogenannte Managementbewertungen (Bewertungen, die das Führungsgremium selbst ausführt),
- die Überprüfung und Aktualisierung der Dokumentation sowie Berichte dazu, damit auf Gefahren und Chancen reagiert werden kann,
- Befragen oder Beobachten der Durchführenden nach der Lückenschließung.

Speziell schon lange erfolgreich operierende Unternehmen suchen nach Wegen, ihre Leistung nachhaltig zu verbessern. Es gibt mehrere Methoden, die zur Pflege und Verbesserung eines integrierten Steuerungssystems angewendet werden können. Das bekannteste Managementmodell ist das PDCA-Modell[68]. Es gibt weitere unterschiedliche Ansätze: Zwei weit verbreitete Ansätze sind die Vorgehensweise des EFQM-Modells[69] sowie der DIN EN ISO 9004 „Anleitung zum Erreichen nachhaltigen Erfolgs". Im Folgenden wird zur Pflege und Verbesserung des Steuerungssystems mittels des Reifegradmodells der DIN EN ISO 9004 ein **exemplarischer** Weg gezeigt, der den Vorteil hat, sowohl individuell modellierbar zu sein, als auch die gleiche Struktur, Terminologie und Philosophie der übrigen ISO-Normen zu verwenden und somit konsistent zu diesen zu sein.

In diesem Zusammenhang soll nicht nur auf Produkte und Dienstleistungen abgehoben werden, sondern es soll Vertrauen in die Fähigkeit des Unternehmens erzeugt werden, nachhaltigen Erfolg zu erzielen. Da dieser (Erfolg) permanent von sich ständig ändernden Einflüssen abhängig ist, sind externe und interne Faktoren wie beispielsweise der gesellschaftliche Wandel, gesetzliche und behördliche Vorgaben sowie kulturelle und menschliche Aspekte in die Prüfung einzubeziehen. Dies sollte in angemessenen Intervallen wiederholt werden.

67 Die integrierte Anwendung von Managementsystemnormen, Kapitel 3.6

68 PDCA (Plan-Do-Check-Act) Modell zur fortlaufenden Verbesserung, das auch als Deming-Kreis bekannt ist

69 EFQM – www.efqm.de

Das im Folgenden dargestellte Konzept einer Selbstbewertung bietet einen Überblick über die Leistung eines Unternehmens und seines Steuerungssystems. Es können Verbesserungs- und Innovationsmöglichkeiten ermittelt und Maßnahmen daraus abgeleitet werden.

Das Konzept sollte an die Erfordernisse des Unternehmens angepasst werden.

Wie bereits in anderen Modellen wird eine Reifegradskala von 1 bis 5 verwendet, der Grad 1 entspricht dem Standardreifegrad, Grad 5 steht für beste Praktiken. Die Benennung von Grad 2 bis 4 ist nicht festgelegt und wird – so wie bei Grad 1 und 5 – durch die inhaltliche Bewertung der abgefragten Themen in den Abschnitten 5–11 der Norm bestimmt:

5 Kontext einer Organisation

6 Identität einer Organisation

7 Führung

8 Prozessmanagement

9 Ressourcenmanagement

10 Analyse und Bewertung der Leistung einer Organisation

11 Verbesserung, Lernen und Innovation.

Dabei sind die Unterabschnitte aus obiger Aufzählung zu berücksichtigen, mit jeweils 5 Reifegraden. Exemplarisch aus DIN EN ISO 9004:2018-08:

Abschnitt 5:

Tabelle 1: Reifegradtabelle bezogen auf DIN EN ISO 9001 Abschnitt 4.1 und DIN EN ISO 9004 Abschnitt 5.3., abgeleitet aus DIN EN ISO 9004 Tabelle A.3

<table>
<tr><th colspan="3">Reifegradtabelle</th></tr>
<tr><th rowspan="2">Unter-abschnitt 5.3 Externe und interne Themen</th><th colspan="2">Reifegrad</th></tr>
<tr><th>Grad</th><th>Element</th></tr>
<tr><td rowspan="5"></td><td>1</td><td>Prozesse zur Bestimmung und Behandlung externer und interner Themen werden informell oder im Einzelfall ausgeführt.</td></tr>
<tr><td>2</td><td>Prozesse zur Bestimmung und Behandlung der Themen sind vorhanden.
Die mit den identifizierten Themen verbundenen Risiken und Chancen werden informell oder im Einzelfall bestimmt.</td></tr>
<tr><td>3</td><td>Prozesse zur Bestimmung interner und externer Themen, die sich auf die Fähigkeit der Organisation, nachhaltigen Erfolg zu erzielen, auswirken können, werden identifiziert.</td></tr>
<tr><td>4</td><td>Externe und interne Themen werden bestimmt und berücksichtigen Faktoren wie gesetzliche, behördliche und sektorspezifische Anforderungen, Globalisierung, Innovation, Tätigkeiten und damit verbundene Prozesse, Strategie, Kompetenzgrade und das Wissen der Organisation.
Risiken und Chancen werden bestimmt und berücksichtigen Informationen zur früheren und aktuellen Situation der Organisation.
Prozesse zur Behandlung von als Risiken für den nachhaltigen Erfolg oder Möglichkeiten zur Verbesserung des nachhaltigen Erfolgs eingestuften Themen werden festgelegt, umgesetzt und aufrechterhalten.</td></tr>
<tr><td>5</td><td>Prozesse zur laufenden Überwachung, Überprüfung und Bewertung externer und interner Themen werden festgelegt, umgesetzt, und aufrechterhalten und aus diesem Prozess resultierende Maßnahmen werden angewendet.</td></tr>
</table>

Die Ergebnisse lassen sich grafisch z. B. als Excel Netzdiagramm darstellen und dienen dann den zuständigen Führungskräften als Grundlage für die Generierung von Maßnahmen.

Nachhaltigkeit der Aktivitäten (Auszug)

Interested Parties
Externe und Interne Themen
Mission Vision Werte Kultur
Politik und Strategie
Ziele
Kommunikation
Prozessmanagement allg.
Prozessmanagement Reifegrad
Ressourcenmanagement allgemein
Wissen der Organisation
Personen
Technologie
Infrastruktur
Ressourcen
Leistungsindikatoren
Leistungsbewertung
Internes Audit
Selbstbewertung
Überprüfung
Verbesserung und Innovation
Lernen
4
3,5
3
2,5
2
1,5
1
0,5
0

Abbildung 16: Vereinfachtes Schaubild zum Reifegrad einer Organisation

Darüber hinaus können die Informationen genutzt werden, um

- Vergleiche anzuregen und das Gelernte im Unternehmen zu teilen,
- Benchmarks mit anderen Unternehmen vorzunehmen,
- den Fortschritt im Unternehmen durch regelmäßige weitere Selbstbewertungen zu überwachen.

In einer ganzheitlichen Unternehmensbewertung sind sämtliche Anforderungen einschließlich der gesetzlichen und derjenigen der relevanten Managementsystemnormen zu berücksichtigen!

Fazit: Die Anwendung der DIN EN ISO 9004:2018-08 gibt den Unternehmen ein ganzheitliches Modell zur Feststellung und Weiterentwicklung ihres Reifegrades. Der Aufwand mag im ersten Moment hoch erscheinen, aber die dort adressierten Themen sind Treiber für die Unternehmensentwicklung und Werterhöhung, Risikoverringerung und systematische Betrachtung aller sonstigen Randbedingungen.

Fallstudie FS 17
Die Integration erhalten und verbessern

Jakob hat sich zusammen mit dem Berater besprochen und entschieden: Das Unternehmen ITG wird zukünftig mittels des Reifegradmodells nach DIN EN ISO 9004 bewertet und optimiert. Die zum Einsatz kommenden Reifegradstufen werden an die Anforderungen der ITG angepasst, sodass alle Anforderungen berücksichtigt werden. Gemeinsam mit dem Berater erarbeitet Jakob die Reifegradtabelle der ITG:

Tabelle FS 17-1: Auszug zum Prozess der Angebotsabwicklung der ITG

Reifegradtabelle der ITG (Auszug)		
Abschnitt 7.3.xx Angebots-abwicklung (s.o. FS 4 1)	**Reifegrad**	
	Grad	**Element**
	1	Komponentenbeschaffung, -montage, Softwareinstallation, Auslieferung und Inbetriebnahme erfolgen informell oder im Einzelfall.
	2	Der Prozess für die Angebotsabwicklung ist vorhanden. Die mit der Angebotsabwicklung verbundenen Risiken und Chancen werden informell oder im Einzelfall bestimmt.
	3	Der Prozess zur Angebotsabwicklung ist bekannt und wird eingehalten.
	4	Gesetzliche und behördliche Anforderungen an den Abwicklungsprozess sind bekannt und werden berücksichtigt. Risiken im Abwicklungsprozess werden strukturiert identifiziert und dabei Informationen aus früheren und aktuellen Auslieferungen berücksichtigt. Prozesse zur Behandlung der Risiken bei der Auslieferung werden festgelegt, umgesetzt und aufrechterhalten.

Reifegradtabelle der ITG (Auszug)		
Abschnitt 7.3.xx Angebotsabwicklung (s.o. FS 4 1)	**Reifegrad**	
	Grad	**Element**
	5	Aktivitäten zur laufenden Überwachung, Überprüfung und Bewertung der Auslieferung sind als Prozessbestandteile festgelegt, werden umgesetzt und aufrechterhalten, und daraus resultierende Maßnahmen werden angewendet.

»Kurzbewertungen« der Angebotsabwicklung zeigen, dass die Mehrzahl der Anwender den Prozess kennen und ihn auch im Grundsatz nutzen. Allerdings werden Risiken nicht strukturiert identifiziert, sondern bei Auftreten durch „Kluges Handeln" aus der Erfahrung gelöst. Das hat bereits einige Male zu unnötigen Kosten geführt und den Kunden verärgert. Somit ist der Prozess in Grad 2 einzustufen. Der Berater ermittelt in Workshops die wiederkehrenden Herausforderungen und ergänzt den Prozess unter Einbeziehung der Verkäufer um eine verbindliche, praxisnahe Risikoidentifikation. Das Ziel ist es, den Prozess in drei Monaten in Grad 3 und anschließend in Grad 4 einzustufen. Einsparungen aus finanzieller Sicht werden durch die Verwaltung verfolgt und kommuniziert.

3.3.4.1 Die interne Revision

Die HS kennt verschiedene Arten von Bewertungen. Allgemein wird angenommen, dass es im Rahmen der Prozessüberwachung genügt, den klassischen Ansatz einer Internen Revision zu wählen. Unabhängige Prüfer sollen die Geschäftsprozesse prüfen und Gefahren für das Unternehmen identifizieren sowie Ansätze für ihre Verbesserung suchen. Als Grundlagen bieten sich die Regeln des DIIR[70] an. Die Interne Revision wird bei größeren Organisationen durch eigene, eigens dafür abgestellte Mitarbeiterinnen und Mitarbeiter wahrgenommen. Kleinere Unternehmen können sich auch für die Interne Revision

70 Deutsches Institut für Interne Revision e.V. (DIIR); z.B. Risikoorientierte Prüfungsplanung: Best Practice, Frankfurt 2010 und Internationale Standards für die Berufliche Praxis der Internen Revision 2017, deutsche Fassung DIIR Frankfurt

externer Mitarbeiter bedienen. So bieten z. B. Abschlussprüfer häufig an, Aufgaben der Internen Revision durchzuführen.

Es kann sinnvoll sein, die insbesondere im Umgang mit Gefahren und Chancen erfahrenen Revisoren in Kontakt, oder besser noch in die Zusammenarbeit mit den internen Auditoren (nach DIN EN ISO 19011) zu bringen, um so alle Informationen zur Ausgestaltung und Anwendung der Geschäftsprozesse zu ermitteln und zu bewerten.

3.3.4.2 Interne Audits nach DIN EN ISO 19011

Interne Audits nach DIN EN ISO 19011:2018-10 haben durch die Überarbeitung der Norm eine neue Wertigkeit erhalten:

Sie wurden nicht nur um den »risikobasierten Ansatz« ergänzt, auch die Auditprogramme selbst sollen dynamischer werden[71]. Dies bedingt aus der Sicht der Autoren, dass interne Audits nicht mehr im Rahmen eines »klassischen» und relativ statischen Dreijahresprogramms geplant werden, sondern die Begleitung von Risiken und die Anpassung des Auditprogramms erfolgen, z. B. nach Änderung der Randbedingungen und Risiken, gegebenenfalls mehrmals jährlich, wobei die Auditinhalte ebenfalls aktualisiert werden sollten.

Der in diesem Buch vertretene Ansatz des guten, integrierten und nachhaltigen Systems der Unternehmensführung zeigt, wie die Integration der ausgewählten MSS gelingen kann. Es bietet sich an, interne Audits nicht mehr normbezogen durchzuführen, sondern im ganzheitlichen Sinn **alle** integrierten Elemente im Prozess anzusprechen. Dabei sollten sich die internen Auditoren vor allem auf die beabsichtigten **Prozessergebnisse** konzentrieren[72].

Die internen Auditoren sollen also in der Philosophie der DIN EN ISO 19011 stärker ihr fachmännisches Urteil bemühen[73] und in Folge ihre Kompetenzen zu den von ihnen zu beurteilenden Themen entwickeln.

3.3.4.3 Das externe Audit (Zertifizierung/behördliche Zulassung) und dessen Markt- und/oder Kundennutzen

Vielfach wird die Zertifizierung der Managementsysteme empfohlen, weil dies (z. B. beim Qualitätsmanagementsystem) notwendig – oder zumindest hilfreich – für die erfolgreiche Akquisition sei. Aufgrund von internem Aufwand und Kosten empfiehlt es sich, vor Mandatierung eines entsprechend akkreditierten

71 DIN EN ISO 19011:2018-10, Abschnitt 5, Bild 1

72 DIN EN ISO 19011:2018-10, Anhang A4

73 DIN EN ISO 19011:2018-10, Anhang A3

Anbieters sorgfältig den Nutzen externer Zertifizierungen zu prüfen. Anders ist es natürlich, wenn für die angebotene Leistung eine behördliche Zulassung erforderlich ist und dieser eine entsprechende externe Prüfung vorausgehen muss. Dann **muss** ein externes Audit nach den anzuwendenden gesetzlichen oder administrativen Regeln durchgeführt werden. Die Erkenntnisse daraus können auch wertvolle Erkenntnisse über die betriebsinternen Abläufe und ihre Verbesserungsmöglichkeiten liefern.

Für ein gutes und ganzheitliches Unternehmenssteuerungssystem im obigen Sinne ist eine Zertifizierung aus der Sicht der Autoren ohne besondere Hintergründe wenig sinnvoll.

Fallstudie FS 18
Die Interne Revision, das Interne und das Externe Audit

In der ITG wurden Bewertungen der Prozessanwendung und -umsetzung bisher nur durchgeführt, wenn Störungen aufgetreten sind. Im neuen Ansatz der ganzheitlichen Bewertung möchte Jakob und sein Führungskräfteteam auf zwei Werkzeuge setzen: Für die Interne Revision wendet er sich aus Kapazitätsgründen an eine erfahrene externe Firma, welche einmal im Jahr vor allem finanzielle Risiken und Gefährdungen aus strategischer Sicht ermitteln soll. Die daneben und ständig stattfindenden internen Audits zur Prozesseinhaltung und -verbesserung fasst er in einem Auditprogramm zusammen, welches kurze, fokussierte Bewertungen als Schwerpunkt hat. Die Inputs dazu werden kontinuierlich aus den Meetings der Führungskräfte und aus (den operativen) Problemberichten generiert. Als Piloten wählt er die Reifegradverbesserung des Angebotsprozesses (FS 17) und die Verbesserung der Themen PDI und IVC (FS 16). Da die ITG zum Thema externe Zertifizierung keine Anforderungen aus dem Markt, vom Wettbewerb oder von Behörden hat, wird diese zunächst nicht weiter verfolgt.

3.3.5 Erkenntnisse in der Organisation anwenden

Die Erkenntnisse aus dem integrierten Ansatz einschließlich seiner Bewertung und Optimierung sollen in der Organisation (auch in anderen Bereichen) angewendet werden.[74] Im IUMSS-HB geht es hier vor allem um Herausforderungen aus der Integration, die in einer Tabelle für das dortige Fallbeispiel des Bäckers Jim[75] aufgeführt und erläutert werden:

- Widerstand gegen Änderungen
- Kompetenz
- Unternehmenskultur
- Einhaltung der Anforderungen von MSS
- Aufrechterhaltung der Integration.

Fallstudie FS 19
Prüfung der Integration und Erkenntnisse anwenden

Jacob stellt fest, dass die Vorschläge und Änderungen aus den Analysen, die im Führungsteam zwar formal abgesegnet worden sind, von diesem nicht mit dem – aus seiner Sicht notwendigen – Nachdruck in der ITG umgesetzt werden. Es scheint, als ob Einzelne nicht völlig vom Nutzen überzeugt sind und in Diskussionen immer wieder Einwände vorbringen. Jakob versucht, mit einem Führungskräfteseminar die Vorbehalte abzubauen und nimmt sich auch die Zeit, Gespräche unter vier Augen zu führen. Dabei wird ihm klar, dass es vor allem um den Aufwand geht und manche der Führungskräfte nicht glauben, diesen bewältigen zu können.

Jakob setzt sich mit seinen Führungskräften zusammen, und sie überlegen gemeinsam, wie der Aufwand bewältigt werden kann. Sie finden Möglichkeiten, redundante Aufgaben zu streichen und bestimmte Aufgaben auszulagern. Ein Coaching zu den Themen Zeitmanagement und Delegation soll das Ganze unterstützen.

74 Die integrierte Anwendung von Managementsystemnormen, Kapitel 3.7

75 Die integrierte Anwendung von Managementsystemnormen, Tabelle 3-3, S. 72

4 Schnelle Adaption und Resilienz

Unternehmen suchen immer häufiger nach Möglichkeiten, ihr Geschäftssystem und die darin enthaltenen Prozesse **schnell** an wechselnde Stakeholder und Randbedingungen unter Berücksichtigung von Risiken anzupassen, um so ihre Wettbewerbsfähigkeit zu optimieren und Belastungen des Systems zu verringern: „Stärkung der Resilienz". Ein anwendbares und bewährtes Werkzeug ist die DIN ISO 10005:2020-10, die – ursprünglich für Qualitätsmanagementpläne gedacht – auch ganzheitlich sowohl auftrags- als auch projektbezogen angewendet werden kann. Sie bietet die Möglichkeit der schnellen Adaption eines Unternehmenssteuerungssystems an wechselnde Stakeholder und Randbedingungen.

Da die Prozesse eines Unternehmens in der Regel **alle** Anforderungen der integrierten Standards/Regularien/Gesetze abdecken, werden insbesondere bei Auftraggebern, die eine möglichst schnelle Abwicklung und wettbewerbsfähige Preisgestaltung verlangen, die Grenzen eines ‚starren' Managementsystems deutlich:

Werden die Prozesse genauso eingehalten wie definiert, wird das Produkt/die Dienstleistung möglicherweise zu langsam oder zu teuer entwickelt und hergestellt.

Werden die Prozesse ohne Risikobetrachtung angepasst, ergeben sich Lücken oder Verletzungen von internen Vorgaben, die dann – im Falle einer externen oder internen Überprüfung – als Nichtkonformität angesehen werden müssen. Ein weiterer Effekt ist, dass die Prozessanwender/-umsetzer das Vertrauen in die Notwendigkeit zur Prozesseinhaltung verlieren.

Daher ist die formalisierte Anpassung des Systems in einem auftrags- oder projektbezogenen Plan (in der DIN ISO 10005 »QM-Plan« genannt) an die Auftrags- bzw. Projektbelange mit **einhergehender Risikoanalyse** kein Bruch mit dem zertifizierten Managementsystem, sondern dessen intelligente Ausprägung, die weiterhin intern und extern Vertrauen in die Systemkompetenz des Unternehmens erzeugt.

Und so hat es sich in der Praxis bewährt (Auszüge aus DIN ISO 10005:2020-10):

4.1 Initiierung eines auftrags- oder projektbezogenen Plans (DIN ISO 10005, Kap. 5.4.1)

Bei der Vorbereitung des Plans sollte die Organisation die entsprechenden Rollen, Verantwortlichkeiten und Befugnisse innerhalb der Organisation festlegen und, falls zutreffend, die relevanten Verantwortlichkeiten und Befugnisse externer Parteien.

4.2 Definition eines auftrags- oder projektbezogenen Plans (DIN ISO 10005, Kap. 5.4.2)

Der Plan sollte aufzeigen, wie die geforderten Aktivitäten ausgeführt werden, entweder direkt oder durch Verweis auf geeignete Dokumente (zum Beispiel Projektplan, Arbeitsanweisung, Checkliste, Softwareanwendung).

4.3 Einheitlichkeit und Verträglichkeit (DIN ISO 10005, Kap. 5.4.3)

Der Inhalt und das Format des Plans sollten mit dem Anwendungsbereich, den Eingaben, den Bedürfnissen der Anwender des Plans und dessen gewünschten Ergebnissen übereinstimmen. Der Detaillierungsgrad im Plan sollte mit jeder abgestimmten Anforderung, den Arbeitsmethoden der Organisation und der Komplexität der durchzuführenden Aktivitäten übereinstimmen. Die Verträglichkeit mit anderen, für den spezifischen Fall anzuwendenden Managementplänen sollte beachtet werden.

4.4 Aussehen und Struktur (DIN ISO 10005, Kap. 5.4.4)

Ein Plan kann auf unterschiedliche Weise formal definiert und dargestellt werden, zum Beispiel durch eine grafische Darstellung, schriftliche Arbeitsanweisungen, visuelle Medien, elektronische Verfahren oder Softwareanwendungen.

4.5 Inhalte eines auftrags- oder projektbezogenen Plans (DIN ISO 10005, Kap. 6)

Die Norm zeigt exemplarisch auf, welche Elemente eines Steuerungssystems aufgenommen werden sollten. Dazu können gehören:

Anwendungsbereich, Eingaben, Qualitätsziele, Verantwortlichkeiten, Steuerung dokumentierter Information, Ressourcen, Produkte und Dienstleistungen, Infrastruktur, Kommunikation mit Kunden und anderen interessierten Parteien, Design und Entwicklung, extern gelieferte Produkte, Prozesse und Dienstleistungen, Produktion und Erbringung der Dienstleistung, Umgang mit fehlerhaften Ergebnissen, Überwachung und Messung sowie Prüfung der Wirksamkeit.

Es wird also ein Plan erstellt, welche die wesentlichen Anforderungen des Auftrags oder Projekts enthält und durch Vereinbarung im Vertrag das Steuerungssystem auf dessen Belange zuschneidet.

Entscheidend ist, dass die Elemente des Plans problemlos durch weitere Elemente ergänzt oder modifiziert werden können, wie Compliance oder Business Continuity.

Wenn der Plan als Muster „Template“ mit den wichtigsten, im Geschäftsmodell vorkommenden Anforderungen vorbelegt wird, kann die auftragsbezogene Umsetzung innerhalb kurzer Zeit durchgeführt werden.

Tabelle 2: Auszug aus einem Projektplan

Maßnahmen im Umgang mit dem Kunden eines deutschen Unternehmens	Verantwortlich
Die gesamte Kundenkommunikation muss vom Projektmanagement (PM) festgelegt und koordiniert werden.	PM
Alle Aufgaben der Kundenvertreter vor Ort im Rahmen dieses Vertrags werden vom Projektteam unterstützt. Ansprechpartner für alle Anfragen ist der Projektqualitätsmanager (PQM).	PQM
Alle schriftlichen Aussagen gegenüber dem Kunden oder dessen Vertretern müssen über das Projektmanagement weitergeleitet werden.	PM, ALLE
Der PQM verantwortet alle projektrelevanten Kontakte.	PQM
Es können alle gängigen Kommunikationsmedien verwendet werden.	PM, ALLE
Aufzeichnungen der Kundenkommunikation sind in einem Projekt-Ordner zu speichern.	PM, ALLE
Die Archivierung der Aufzeichnungen zur Kundenkommunikation ist im Konfigurationsplan (KM-Plan) durch den Konfigurationsmanager (CM) zu definieren.	CM
Kundenbeschwerden müssen in der Kundendatenbank gesammelt und ausgewertet werden.	PM, PQM
Die Dokumentation des Geschäftssystems darf nicht an externe Parteien verteilt werden, ausgenommen die Beschreibung des Geschäftssystems.	PM
Der Kunde und der Kundenvertreter vor Ort ist zu den projektbezogenen Geschäftsräumen der Firma zugangsberechtigt.	PM, PQM

Fallstudie FS 20
Schnelle Adaption und Resilienz

Jacob ist sehr interessiert an dieser Möglichkeit der Adaption, da es bereits mehrere Male bei externen Audits durch den Auftraggeber zu Differenzen zwischen den Prozessbeschreibungen und der realisierten Umsetzung kam. Es versucht, einen projektbezogenen Plan auszugsweise zu erstellen und wählt hierzu eine Tabellenform.[76].

Aus gegebenem Anlass entscheidet er sich für die Kommunikation mit dem Kunden.

Tabelle FS 20-1: Exemplarischer Plan für die Kundenkommunikation

Checkliste eines Plans für die Kommunikation mit dem Kunden			
Anforderung	**Verantwortliche Rolle/Funktion**	**Risiko (Low/ Medium/ High)**	**Aktion/ Maßnahme**
Die gesamte Kundenkommunikation muss vom Projektleiter festgelegt und koordiniert werden.	Projektleiter	L	keine, im Prozess festgelegt
Alle schriftlichen Aussagen gegenüber dem Kunden oder dessen Vertretern müssen über das Projektmanagement weitergeleitet werden.	Projektleiter, alle beteiligten Bereiche	L	keine, im Prozess festgelegt
Aufzeichnungen der Kundenkommunikation sind in einem Projekt-Ordner zu speichern.	Projektleiter, alle beteiligten Bereiche	M	Projekt-Server noch zuzuordnen
Die Archivierung der Aufzeichnungen zur Kundenkommunikation ist in einem KM-Plan zu definieren	Konfigurationsmanager	M	KM-Plan noch zu erstellen

76 DIN ISO 10005:2020-10, Anhang A

Checkliste eines Plans für die Kommunikation mit dem Kunden			
Anforderung	**Verantwortliche Rolle/Funktion**	**Risiko (Low/ Medium/ High)**	**Aktion/ Maß-nahme**
Der Kunde ist zu den projektbezogenen Geschäftsräumen zugangsberechtigt.	PL, Projekt Management-system Koordinator	M	Zugangs-prozedur noch zu definieren

Anhang

Anhang A1 (Virtuelle Norm): Sicherheit und Resilienz – betriebliche Belastbarkeit – Anforderungen an ein Betriebliches Steuerungssystem (ABSS)

Einleitung

Die Unternehmenssteuerung wird in einer global vernetzten Welt immer komplexer und, insbesondere für ein kleines oder mittleres Unternehmen (KMU) angesichts der zahlreichen Managementschulen und Lehrinhalten an Universitäten und Hochschulen im In- und Ausland sowie den Empfehlungen sonstiger, z. T. selbsternannter Experten immer unübersichtlicher. Die einzelnen Elemente werden zumeist nur separat behandelt. Es sollten aber verschiedene Elemente in das unternehmerische Steuerungssystem (ISO: Managementsystem) integriert werden. Welche Teile integriert werden, muss die Organisation selbst entscheiden. Dies kann bzw. darf nicht generell vorgegeben werden. Bei dieser Entscheidung dient das Umfeld der Organisation und ihrer Aktivitäten als Maßstab.

Mit dieser virtuellen Norm soll dem Nutzer ein Dokument an die Hand gegeben werden, welches sich an den Vorgaben der Internationalen Organisation für Normung (ISO) für Managementsystemnormen (die sogenannte Harmonisierte Struktur »HS«, vormals HLS genannt) orientiert und so die Voraussetzungen für ein integriertes, ganzheitliches Steuerungssystem schafft, das alle wichtigen Bereiche erfasst! Es wird eine an der deutschen Sprache orientierte Terminologie des DIN TR 36601 verwendet aber, wenn immer angebracht, der Begriff »Steuerung« statt des Begriffs »Management« und der Begriff »Steuerungssystem« statt des Begriffs »Managementsystem« verwendet. Ebenso wird mit dem Begriff »Umfeld« anstelle des Begriffs »Kontext« verfahren.

Dieses Dokument orientiert sich, an dem Planen-Durchführen-Prüfen-Handeln-Zyklus der Unternehmenssteuerung (Plan-Do-Check-Act – PDCA), der in allen Managementsystemnormen der ISO enthalten ist

Die PDCA-Bestandteile dieser virtuellen Norm:

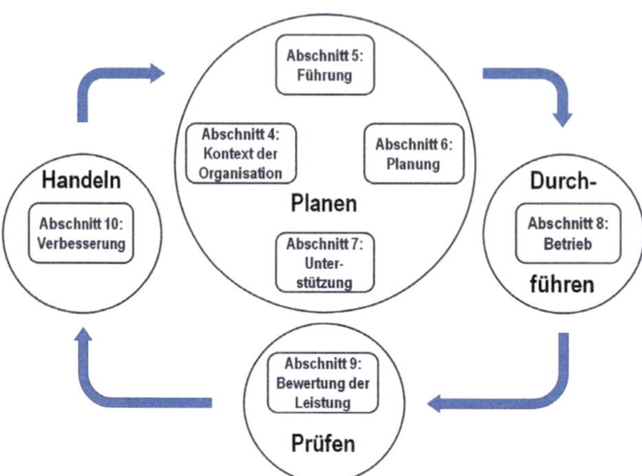

Die Anwendung des PDCA-Zyklus, um das eigene Steuerungssystem zu planen, durchzuführen, aufrechtzuerhalten und seine Wirksamkeit fortlaufend zu verbessern, schützt die Organisation und sichert einen Grad an Widerspruchsfreiheit zu anderen Steuerungssystemen.

1 Anwendungsbereich

Dieses Dokument legt die Anforderungen für ein Steuerungssystem für Organisationen fest, um dieses zu planen, einzuführen, umzusetzen, zu überwachen, aufrechtzuerhalten und fortlaufend zu verbessern.

Die Anforderungen dieses Dokuments sind allgemeiner Art und für Organisationen aller Arten, Größen und Beschaffenheiten anwendbar (z. B. kommerzielle Unternehmen, staatliche oder andere öffentliche Einrichtungen und gemeinnützige Organisationen). Es bietet einen ganzheitlichen Ansatz und ist nicht branchen-, disziplin- oder sektorspezifisch. Es kann während der gesamten Lebensdauer der Organisation genutzt und auf alle internen und externen Aktivitäten aller Ebenen angewendet werden.

2 Normative Verweisungen

Dieses Dokument basiert auf den Grundsätzen der ISO 37000 *Anleitung zur Steuerung von Organisationen* (en: »*Guidance for the Governance of Organizations*«), deren Inhalt Empfehlungen des vorliegenden Dokuments darstellen, soweit sie in diesem Dokument nicht als Anforderungen beschrieben werden.

Auf die Definitionen dieser Norm wird verwiesen. Weitere Definitionen ergeben sich aus den Regelwerken, deren Anforderungen in das Steuerungssystem integriert werden.

3 Begriffe

Für die Anwendung dieses Dokuments gelten die folgenden Begriffe.

3.1

Organisation

Person oder Personengruppe, die eigene Funktionen mit Verantwortlichkeiten, Befugnissen und Beziehungen hat, um ihre *Ziele* (3.8) zu erreichen.

Anmerkung 1 zum Begriff: Das Konzept einer Organisation umfasst unter anderem Einzelunternehmer, Gesellschaft, Konzern, Firma, Unternehmen, Behörde, Handelsgesellschaft, Wohltätigkeitsorganisation, Institution oder Teile oder eine Kombination der genannten, ob eingetragen oder nicht, öffentlich oder privat.

Anmerkung 2 zum Begriff: Wenn die Organisation Teil einer größeren Einheit ist, bezieht sich der Begriff „Organisation“ nur auf den Teil der größeren Einheit, der dem Anwendungsbereich dieses *betrieblichen Steuerungssystems* (3.4) unterliegt.

3.2

Interessierte Partei (Vorzugsbenennung)
Interessenträger (zugelassene Benennung)

Person oder *Organisation* (3.1), die eine Entscheidung oder Tätigkeit beeinflussen kann, die davon beeinflusst sein kann, oder die sich davon beeinflusst fühlen kann.

3.3

oberste Leitung

Person oder Personengruppe, die eine *Organisation* (3.1) auf der obersten Ebene führt und steuert.

Anmerkung 1 zum Begriff: Die oberste Leitung ist innerhalb der *Organisation* (3.1) in der Lage, Verantwortung zu delegieren und Ressourcen bereitzustellen

Anmerkung 2 zum Begriff: Wenn der Anwendungsbereich des *betrieblichen Steuerungssystems* (3.4) nur einen Teil einer *Organisation* (3.1) umfasst, bezieht sich „oberste Leitung“ auf diejenigen, die diesen Teil führen und steuern.

3.4

betriebliches Steuerungssystem

Satz zusammenhängender oder sich gegenseitig beeinflussender Elemente einer *Organisation* (3.1), um *Unternehmensgrundsätze* (3.5), *Ziele* (3.6) sowie *Prozesse* (3.8) und Ressourcen zum Erreichen dieser Ziele festzulegen

Anmerkung 1 zum Begriff: Ein Steuerungssystem kann eine oder mehrere Disziplinen behandeln.

Anmerkung 2 zum Begriff: Die Elemente des Systems beinhalten die Struktur der Organisation, Rollen und Verantwortlichkeiten, Planung sowie Betrieb.

Anmerkung 3 zum Begriff: Das betriebliche Steuerungssystem sollte ganzheitlich sein und alle für die Organisation relevanten Disziplinen umfassen.

Anmerkung 4 zum Begriff: Statt des Begriffs „*betriebliches Steuerungssystem*" wird häufig auch der aus dem Englischen abgeleitete Begriff „*Managementsystem*" verwendet.

3.5

Unternehmensgrundsätze

Absichten und Ausrichtung einer *Organisation* (3.1), wie von der *obersten Leitung* (3.3) formell ausgedrückt.

3.6

Ziel

zu erreichendes Ergebnis

Anmerkung 1 zum Begriff: Ein Ziel kann strategisch, taktisch (planerisch) oder operativ (umsetzend) sein.

Anmerkung 2 zum Begriff: Ziele können sich auf verschiedene Disziplinen beziehen (wie z. B. Finanzen, Gesundheit und Sicherheit sowie Umwelt). Sie können zum Beispiel organisationsweit oder spezifisch für ein Projekt, Produkt oder Prozess (3.8) sein.

Anmerkung 3 zum Begriff: Ein Ziel kann auf andere Weise ausgedrückt werden, z. B. als beabsichtigtes Ergebnis, als Zweck, als betriebliches Kriterium, als Steuerungs-Ziel der Organisation.

Anmerkung 4 zum Begriff: Im Kontext von betrieblichen Steuerungssystemen werden Steuerungsziele von Organisationen im Einklang mit ihrer Steuerungsgrundsätzen gesetzt, um bestimmte Ergebnisse zu erreichen.

3.7

Risiko

Auswirkung von Unsicherheit auf Ziele

Anmerkung 1 zum Begriff: Eine Auswirkung stellt eine Abweichung vom Erwarteten dar. Diese Abweichung kann positiv, negativ oder beides sein und kannauf Möglichkeiten oder Bedrohungen eingehen, diese verursachen oder durch diese verursacht sein.

Anmerkung 2 zum Begriff: Ziele können verschiedene Aspekte und Kategorien umfassen und auf allen Ebenen angewendet werden.

Anmerkung 3 zum Begriff: Das Risiko wird üblicherweise anhand der Risikoursachen, der potenziellen Ereignisse, ihrer Auswirkungen und ihrer Wahrscheinlichkeiten dargestellt.

Anmerkung 4 zum Begriff: In Abweichung von den ISO Directives Annex SL, Appendix 2 wird in diesem Dokument die Definition von Risiko in ISO 31000: 2018 (3.1) verwendet.

3.8

Prozess

Satz zusammenhängender oder sich gegenseitig beeinflussender Tätigkeiten, die Eingaben nutzen oder umwandeln, um ein Ergebnis zu liefern

Anmerkung 1 zum Begriff: Ob das Ergebnis eines Prozesses Ergebnis, Produkt oder Dienstleistung genannt wird, beruht auf dem Zusammenhang der Bezugnahme.

Anmerkung 2 zum Begriff: Prozesse können betriebliche Planungs- und Steuerungsprozesse oder Managementsystemprozesse sein oder auch strategischer Natur sein.

Anmerkung 3 zum Begriff: Prozesse sollten dokumentiert und kommuniziert werden. Die Dokumentation kann textlich oder grafisch (zum Beispiel als ereignisgesteuerte Prozesskette) oder grafisch mit textlichen Erläuterungen erfolgen.

3.9

Kompetenz

Fähigkeit, Wissen und Fertigkeiten anzuwenden, um beabsichtigte Ergebnisse zu erzielen

3.10

dokumentierte Information

Information, die von einer *Organisation* (3.1) gesteuert und aufrechterhalten werden muss, und das Medium, auf dem sie enthalten ist.

Anmerkung 1 zum Begriff: Dokumentierte Information kann in jeglichem Format oder Medium vorliegen, sowie aus jeglicher Quelle stammen.

Anmerkung 2 zum Begriff: Dokumentierte Information kann sich beziehen auf:

- das *betriebliche Steuerungssystem* (3.4), einschließlich damit verbundener *Prozesse* (3.8);
- Informationen, die für den Betrieb der Organisation geschaffen wurden (Dokumentation);
- Nachweise erreichter Ergebnisse (Aufzeichnungen).

3.11

Leistung

messbares Ergebnis

Anmerkung 1 zum Begriff: Leistung kann sich entweder auf quantitative oder qualitative Feststellungen beziehen.

Anmerkung 2 zum Begriff: Leistung kann sich auf das Steuern von Tätigkeiten, *Prozessen* (3.8), Produkten Dienstleistungen, Systemen oder *Organisationen* (3.1) beziehen.

3.12

fortlaufende Verbesserung

wiederkehrende Tätigkeit zum Steigern der *Leistung* (3.11)

Anmerkung 1 zum Begriff: »Fortlaufende Verbesserung« und »ununterbrochene Verbesserung« sind zwei verschiedene Begriffe. Während »fortlaufende Verbesserung« (continual improvement) dauerhaft, aber mit Unterbrechungen bedeutet, kennt die »ununterbrochene Verbesserung« (continuous improvement) solche Unterbrechungen nicht.

3.13

Wirksamkeit

Ausmaß, in dem geplante Tätigkeiten verwirklicht und geplante Ergebnisse erreicht werden.

3.14

Eignung

Ausmaß, in dem geplante Tätigkeiten den organisatorischen Zweck, das betriebliche System, die Kultur und das Geschäftssystem der Organisation erfüllt.

3.15

Angemessenheit

Ausmaß, in dem geplante Tätigkeiten ausreichen, um anwendbare Anforderungen zu erfüllen.

3.16

Anforderung

Erfordernis oder Erwartung, das oder die festgelegt, üblicherweise vorausgesetzt oder verpflichtend ist.

Anmerkung 1 zum Begriff: „Üblicherweise vorausgesetzt" bedeutet, dass es für die *Organisation* (3.1), und *interessierten Parteien* (3.2) üblich oder allgemeine Praxis ist, dass das entsprechende Erfordernis oder die entsprechende Erwartung vorausgesetzt wird.

Anmerkung 2 zum Begriff: Eine festgelegte Anforderung ist eine, die spezifiziert ist, z.B. in *dokumentierter Information* (3.10).

3.17

Konformität

Erfüllung einer *Anforderung* (3.16)

3.18

Nichtkonformität

Nichterfüllung einer *Anforderung* (3.16)

3.19

Korrekturmaßnahme

Maßnahme zum Beseitigen der Ursache(n) einer *Nichtkonformität* (3.18) und zum Verhindern ihres erneuten Auftretens.

3.20

Bewertung

Systematischer und unabhängiger *Prozess* (3.8) zum Erlangen von Nachweisen und zu deren objektiver Auswertung, um zu bestimmen, inwieweit Bewertungskriterien erfüllt sind

Anmerkung 1 zum Begriff: Eine Bewertung kann eine interne (Erstparteien-) oder externe (Zweitparteien- oder Drittparteien-) Bewertung sein, und es kann eine kombinierte Bewertung sein (Verbindung zweier oder mehrerer Disziplinen).

Anmerkung 2 zum Begriff: Eine interne Bewertung wird von der Organisation selbst oder von einer externen Seite in ihrem Auftrag durchgeführt.

Anmerkung 3 zum Begriff: „Auditnachweise" und „Auditkriterien" sind in ISO 19011 definiert.

Anmerkung 4 zum Begriff: Es gibt zwei Ausprägungen der Kultur von „internen Bewertungen", zum einen die Bewertung von Konformität und nachhaltiger Verbesserung (ISO 19011), zum anderen betreffend Prüfnachweise und Kontrollen (IPPF).

Anmerkung 5 zum Begriff: Statt des aus dem Englischen abgeleiteten Begriffs *Audit* wird für die zweite Ausprägung des internen (Erstparteien-) Audit häufig im Deutschen auch der Begriff *„Interne Revision"* verwendet.

3.21

Messung

Prozess (3.8) zum Bestimmen eines Wertes.

3.22

Überwachung

Bestimmung des Zustands eines Systems, eines Prozesses (3.8) oder einer Tätigkeit.

Anmerkung 1 zum Begriff: Zum Bestimmen des Zustands kann es erforderlich sein zu prüfen, zu beaufsichtigen oder kritisch zu beobachten.

4 Umfeld der Organisation

4.1 Verstehen der Organisation und ihres Umfeldes

Die Organisation muss externe und interne Themen bestimmen, die für ihren Zweck relevant sind und sich auf ihre Fähigkeit auswirken, die beabsichtigten Ergebnisse ihres betrieblichen Steuerungssystems zu erreichen. Dabei muss sie insbesondere folgende Aufgaben einbeziehen:

- Entwicklung der Unternehmensstrategie und der Pläne, diese zu verfolgen
- Aufbau- und Ablauforganisation des Unternehmens
- Herstellung und Entwicklung der Produkte und Dienstleistungen der Organisation
- Marketing, Verkauf und Lieferung der Produkte und Dienstleistungen der Organisation
- Rechnungs-, Berichtswesen und Controlling
- Sicherung der Resilienz und der Sicherheit (safety & security) der Organisation
- die Einhaltung von gesellschaftlichen und sonstigen anwendbaren Normen.

4.2 Verstehen der Erfordernisse und Erwartungen interessierter Parteien

Die Organisation muss bestimmen:

- die interessierten Parteien, die für ihr betrieblichen Steuerungssystems relevant sind
- die relevanten Anforderungen dieser interessierten Parteien
- mit welchen dieser Anforderungen sich das betriebliche Steuerungssystem befasst.

4.3 Festlegen des Anwendungsbereichs des betrieblichen Steuerungssystems

Die Organisation muss die Grenzen und die Anwendbarkeit des betrieblichen Steuerungssystems bestimmen, um dessen Anwendungsbereich festlegen.

Bei der Festlegung des Anwendungsbereichs muss die Organisation

- die unter 4.1 genannten externen und internen Themen und
- die unter 4.2 genannten Anforderungen

berücksichtigen.

Der Anwendungsbereich muss als dokumentierte Information verfügbar sein.

4.4 Betriebliches Steuerungssystem

4.4.1 Allgemeines

Die Organisation muss entsprechend den Anforderungen dieses Dokuments ein betriebliches Steuerungssystem (im Folgenden auch vereinfachend Steuerungssystem genannt) aufbauen, verwirklichen, aufrechterhalten und fortlaufend verbessern, einschließlich der benötigten Prozesse und ihrer Wechselwirkungen.

4.4.2 Integration

Die Organisation soll die Anforderungen aller für sie relevanten Steuerungsdisziplinen und Steuerungsbereiche (Sektoren) in ihr Steuerungssystem integrieren. Dazu soll sie bestimmen, ob und welche Normen für das Erreichen ihrer betrieblichen Ziele hilfreich oder erforderlich sind und welche von ihr genutzt werden oder genutzt werden sollten. Dabei soll sie berücksichtigen:

- Sind die Befugnisse und Verantwortungen der Unternehmensleitung und der Belegschaft bekannt und werden sie verstanden?
- Wie werden die Befugnisse und Verantwortungen kommuniziert und überwacht?
- Welche Managementsystemnormen sollte die Organisation anwenden und welche Anforderungen an die Organisation enthalten sie?
- Was sind die Bedrohungen und Chancen (Risiken) bei der Integration der Anforderungen mehrerer Managementsystemnormen?
- Wer sind die relevanten Interessierten Parteien und wie werden durch die Anforderungen die Erwartungen der relevanten Interessierten Parteien erfüllt?
- Wie hilft die Erfüllung der Anforderung der Schaffung und Bewahrung von Werten und dem Erreichen der Ziele der Organisation?
- Wie beeinflusst die Anforderung die Effizienz der Organisation?
- Wie werden die Anforderungen erfüllt, und wer ist für die Implementierung der Prozesse zur Erfüllung der Anforderungen verantwortlich (wer ist der jeweilige Prozesseigner)?

Die Integration kann in ein bereits bestehendes Steuerungssystem vorgenommen werden oder, wenn noch kein formelles Steuerungssystem vorhanden ist, bei der Einrichtung eines Steuerungssystems mit den Anforderungen mehrerer Normen erfolgen. Dabei sollten auch die Anforderungen dieser virtuellen Norm berücksichtigt werden, welche die **grundlegenden** Anforderungen an ein Steuerungssystem beschreibt. Alle Prozesse und Maßnahmen der Organisation, die einen integrierten, ganzheitlichen und nachhaltigen Ansatz unterstützen, müssen hierbei berücksichtigt werden, wenn sie sich innerhalb des Anwendungsbereichs des Steuerungssystems befinden.

4.4.2.1 Vorbereitung der Integration

Die oberste Leitung der Organisation muss eine Entscheidung zur Integration der Anforderung aus relevanten Steuerungssystemen treffen. Mit dieser Entscheidung soll der Anwendungsbereich der Integration festgelegt werden.

Die Organisation muss die Integration planen. Dafür sollte sie ein Projekt aufsetzen, um die Anwendung der betroffenen Managementsystemanforderungen zu vereinheitlichen.

4.4.2.2 Verknüpfung der Anforderungen mit dem betrieblichen Steuerungssystem

Die Organisation muss ihr Steuerungssystem strukturieren, indem sie die Beziehungen zwischen ihren Grundsätzen, Prozessen, Zielen und Ressourcen betrachtet. Dafür sollte sie die Modelle und Ansätze, die in den für das Steuerungssystem relevanten Normen enthalten sind, an die eigenen Bedürfnisse, Ressourcen und Ziele anpassen. Sie sollte die Anforderungen auf ihre Prozesse beziehen und verknüpfen (Prozessansatz).

Nach Festlegung der Struktur des Steuerungssystems müssen die Anforderungen aus den für den Anwendungsbereich relevanten Normen analysiert werden. Dazu werden die neu zu integrierenden Anforderungen mit den vom betrieblichen Steuerungssystem bereits abgedeckten Anforderungen verglichen, um Redundanzen zu vermeiden. Das gilt für Anforderungen aus der HS genauso wie für spezifische Anforderungen bestimmter Steuerungsbereiche. Dieser Arbeitsschritt muss wiederholt werden, wenn eine relevante Norm geändert wird oder eine neue Norm implementiert wird.

Die Anforderungen der für die Integration relevanten Normen sind mit den Prozessen, Ressourcen und Zielen des Steuerungssystems abzugleichen. Gemeinsamkeiten sollten bedacht werden und – wenn möglich – auf einen gemeinsamen Satz von Prozessen vereinheitlicht werden. Die Organisation entscheidet, welchen Ansatz sie hierfür verwendet. Ein Beispiel ist der Matrixansatz. Auf jeden Fall sollte der Schwerpunkt liegen auf dem

- Aufspüren nicht wertschöpfender Prozesse,
- Ermitteln von Redundanzen in den Prozessen,
- Festlegen der zumindest erforderlichen Prozesse,

- Festlegen des Niveaus der Gemeinsamkeit der Anforderungen,
- Prüfen, ob Anforderungen bereits abgedeckt sind, durch eine Anpassung vorhandener Prozesse abgedeckt werden können oder eine Ergänzung mit neuen Prozessen erforderlich machen.

4.4.2.3 Einbindung der Anforderungen in das betriebliche Steuerungssystem

Die Organisation muss das Ausmaß der Unterschiede zwischen dem vorhandenen Steuerungssystem und den zu integrierenden Anforderungen und Lücken erkennen, analysieren und verstehen. Dabei ist ein integrierter Systemansatz effektiv und effizient. Die Schritte dafür können sein:

1) Erkennen und Verstehen der Anforderungen der relevanten Managementsystemnorm
2) Sammeln und Verifizieren von Informationen zum relevanten Steuerungssystem
3) Vergleichen der Informationen mit den Anforderungen zum Nachweis der Erfüllung der Anforderungen
4) Ermittlung der Möglichkeiten zur Integration einschließlich Überlappungen und Synergien
   a) zwischen den Anforderungen verschiedener Normen und
   b) zwischen den verschiedenen Bestandteilen des Steuerungssystems (z. B. Prozesse, Ressourcen und Ziele).

Der Bericht der Lückenanalyse kann enthalten:

- die Matrix der Lückenanalyse
- die Liste der analysierten Anforderungen
- die überprüften Prozesse
- die überprüfte dokumentierte Information
- die an der Lückenanalyse Beteiligten
- die Ergebnisse einschließlich der Integrationsmöglichkeiten
- Maßnahmen und Ressourcen, die zum Schließen der Lücken erforderlich sind
- Pläne für die zeitlicher Steuerung.

Die Lückenanalyse muss in Zusammenarbeit im Querschnitt der Organisation erfolgen.

Zum Schließen der Lücken muss die Organisation einen Plan erstellen, der Ziele und Kennzahlen enthält. Typische Schritte umfassen

- die Bestimmung von Korrektur- und Verbesserungsmaßnahmen – dazu gehört z. B. das Entwickeln erforderlicher Prozesse sowie die Aus- und Weiterbildung der Belegschaft
- die Durchführung von Korrekturmaßnahmen, die der relevanten Norm entsprechen
- die Durchführung von Verbesserungsmaßnahmen (z. B. die Kombination mehrerer Prozesse für die Steuerung dokumentierter Informationen in einem einheitlichen Prozess oder die Zusammenfassung mehrerer funktionsübergreifender *Unternehmensgrundsätze*).

Die Organisation sollte mittels interner oder externer Bewertungen analysieren, ob alle Lücken geschlossen sind und die Prozesse dazu effektiv sind, um eine effiziente und vollständige Implementierung sicherzustellen.

4.5 Grundsätze

4.5.1 Allgemeines

Der Zweck der betrieblichen Steuerung besteht darin, Werte zu schaffen und zu bewahren.

Effektive Steuerung der Organisation erfordert die Befolgung der in Abbildung 2 dargestellten Grundsätze der betrieblichen Steuerung, die nachfolgend näher erläutert werden.

ANMERKUNG: Die fünf grundlegenden Steuerungsgrundsätze und die sechs befähigenden Steuerungsgrundsätze, welche die drei Steuerungsergebnisse (wirksame Leitung, verantwortliche Verwaltung und ethisches Verhalten) tragen und beeinflussen, werden in der ISO 37000 im Einzelnen behandelt.

Grundsätze der betrieblichen Steuerung:

4.5.2 Führung

Führungskräfte auf allen Ebenen müssen einen einheitlichen Zweck und eine einheitliche Richtung festlegen und Bedingungen schaffen, um die Strategien, *Unternehmensgrundsätze*, Prozesse und Ressourcen der Organisation auf das Erreichen ihrer Ziele auszurichten. Abschnitt 5 über Führung erläutert die Anforderungen in Bezug auf dieses Prinzip.

4.5.3 Strukturierter und umfassender Prozessansatz basierend auf den besten verfügbaren Informationen

Eine strukturierte und umfassende Herangehensweise an die betriebliche Steuerung muss zu konsistenten und vergleichbaren Ergebnissen beitragen. Aktivitäten müssen als zusammenhängendes System funktionierender Prozesse verstanden werden.

4.5.4 Individuelle Anpassung

Das betriebliche Steuerungssystem solle an das externe und interne Umfeld und an die Bedürfnisse einer Organisation individuell angepasst und diesen angemessen sowie mit den Zielen der Organisation verbunden sein.

4.5.5 Einbeziehung von Personen

Die Organisation solle interessierte Parteien angemessen und rechtzeitig einbeziehen und deren Kenntnisse, Ansichten und Wahrnehmungen angemessen berücksichtigen, um das Bewusstsein für eine effektive Steuerung zu verbessern und diese zu erleichtern. Die Organisation sollte sicherstellen, dass jede Interessierte Partei auf allen Ebenen respektiert und einbezogen wird.

4.5.6 Integrierter Ansatz

Die betriebliche Steuerung ist ein integraler Bestandteil aller Aktivitäten einer Organisation. Sie sollte alle anderen Systemanforderungen der Organisation einbeziehen.

Auch das Risikomanagement der Organisation – ob formell, informell oder intuitiv – sollte in das betriebliche Steuerungssystem integriert werden.

4.5.7 Dynamische und fortlaufende Verbesserung

Die Organisation sollte einen Fokus kontinuierlich auf Verbesserung durch Lernen und Erfahrung richten, um das Leistungsniveau zu halten, auf Veränderungen zu reagieren und neue Möglichkeiten zu schaffen, wenn sich das externe und/oder interne Umfeld der Organisation ändert.

4.5.8 Berücksichtigen menschlicher und kultureller Faktoren

Das menschliche Verhalten und kulturelle Faktoren haben einen wesentlichen Einfluss auf alle Aspekte der betrieblichen Steuerung und sollten auf allen Ebenen und in jeder Phase berücksichtigt werden. Entscheidungen sollten auf der Analyse und Bewertung von Daten und Informationen basieren, um sicherzustellen, dass sie zu mehr Objektivität und Vertrauen in die Entscheidungsfindung führen und mit größerer Wahrscheinlichkeit zu den gewünschten Ergebnissen führen. Individuelle Wahrnehmungen sollten berücksichtigt werden.

4.5.9 Beziehungsmanagement

Für nachhaltigen Erfolg sollte die Organisation ihre Beziehungen zu allen relevanten interessierten Parteien pflegen, da sie die Leistung der Organisation beeinflussen könnten.

5 Führung

5.1 Führung und Verpflichtung

Die oberste Leitung muss in Bezug auf das betriebliche Steuerungssystem Führung und Verpflichtung zeigen, indem sie

- sicherstellt, dass die Steuerungsgrundsätze und die Steuerungsziele festgelegt und mit der strategischen Ausrichtung der Organisation vereinbar sind,
- sicherstellt, dass die Anforderungen des betrieblichen Steuerungssystems in die Geschäftsprozesse der Organisation integriert werden,
- sicherstellt, dass die für das betriebliche Steuerungssystem erforderlichen Ressourcen zur Verfügung stehen.
- die Bedeutung einer wirksamen betrieblichen Steuerung sowie die Wichtigkeit der Erfüllung der Anforderungen des betrieblichen Steuerungssystems vermittelt,
- sicherstellt, dass das betriebliche Steuerungssystem sein beabsichtigtes Ergebnis bzw. seine beabsichtigten Ergebnisse erzielt.
- Personen anleitet und unterstützt, damit diese zur Wirksamkeit des betrieblichen Steuerungssystems beitragen können,
- fortlaufende Verbesserung fördert,
- andere relevante Rolleninhaber unterstützt, damit diese soweit anwendbar ihre Führungsrolle in ihren jeweiligen Verantwortungsbereichen deutlich machen.

ANMERKUNG Wenn in diesem Dokument das Wort „Geschäft“ (en: business) verwendet wird, ist dieses im weiteren Sinne zu verstehen und bezieht sich auf Tätigkeiten, die für den Zweck der Existenz der Organisation entscheidend sind.

5.2 Grundsätze zur betrieblichen Steuerung

Die oberste Leitung muss *Unternehmensgrundsätze* zur betrieblichen Steuerung entwickeln, die

a) für den Zweck der Organisation angemessen sind,

b) einen Rahmen zum Festlegen von Steuerungszielen bieten,

c) eine Verpflichtung zur Erfüllung anwendbarer Anforderungen enthalten,

d) eine Verpflichtung zur fortlaufenden Verbesserung des betrieblichen Steuerungssystems enthalten.

Die *Unternehmensgrundsätze* zur betrieblichen Steuerung müssen

- als dokumentierte Information verfügbar sein,
- innerhalb der Organisation bekanntgemacht werden,
- soweit angemessen, für interessierte Parteien verfügbar sein.

5.3 Rollen, Verantwortlichkeiten und Befugnisse

Die oberste Leitung muss sicherstellen, dass die Verantwortlichkeiten und Befugnisse für relevante Rollen zugewiesen und innerhalb der Organisation bekannt gemacht werden.

Die oberste Leitung muss die Verantwortlichkeit und Befugnis zuweisen für

a) das Sicherstellen, dass das betriebliche Steuerungssystem die Anforderungen dieses Dokuments erfüllt,

b) das Berichten an die oberste Leitung über die Leistung des betrieblichen Steuerungssystems.

6 Planung

6.1 Maßnahmen zum Umgang mit Risiken und Chancen

Bei Planungen für das betriebliche Steuerungssystem muss die Organisation die in 4.1 genannten Themen und die in 4.2 genannten Anforderungen berücksichtigen sowie die Risiken und Chancen bestimmen, die betrachtet werden müssen, um

- Sicherheit zu geben, dass das betriebliche Steuerungssystem seine beabsichtigten Ergebnisse erzielen kann,
- unerwünschte Auswirkungen zu verhindern oder zu verringern,
- fortlaufende Verbesserung zu erreichen.

Die Organisation muss planen:

a) Maßnahmen zum Umgang mit diesen Risiken und Chancen;

b) wie

  - die Maßnahmen in die betriebliche Steuerungssystem-Prozesse integriert und umgesetzt werden,
  - die Wirksamkeit dieser Maßnahmen bewertet wird.

Anmerkung: Im Zusammenhang mit dem Umgang mit Risiken nach ISO 31000 werden statt der Begriffe »Risiken und Chancen« die Begriffe »Möglichkeiten (oder Chancen) und Bedrohungen« verwendet.

6.2 Steuerungsziele und Planung zu deren Erreichung

Die Organisation muss Steuerungsziele für relevante Funktionen und Ebenen festlegen.

Die Steuerungsziele müssen

a) im Einklang mit den Grundsätzen zur betrieblichen Steuerung stehen,

b) messbar sein (sofern machbar),

c) anwendbare Anforderungen berücksichtigen,

d) überwacht werden,

e) vermittelt werden,

f) soweit erforderlich, aktualisiert werden,

g) als dokumentierte Informationen zur Verfügung stehen.

Bei der Planung, wie die Steuerungsziele erreicht werden, muss die Organisation bestimmen

- was getan wird,
- welche Ressourcen erforderlich sind,
- wer verantwortlich ist,
- wann es abgeschlossen wird,
- wie die Ergebnisse bewertet werden.

6.3 Planung von Änderungen

Wenn die Organisation die Notwendigkeit von Änderungen im betrieblichen Steuerungssystem erkennt, müssen diese in geplanter Weise durchgeführt werden.

7 Unterstützung

7.1 Ressourcen

Die Organisation muss die erforderlichen Ressourcen für die Schaffung, die Umsetzung, die Aufrechterhaltung und die fortlaufende Verbesserung des betrieblichen Steuerungssystems bestimmen und bereitstellen.

7.2 Kompetenz

Die Organisation muss

- für Personen, die unter ihrer Aufsicht Tätigkeiten verrichten, welche die Steuerungsleistung („Key Performance Indicators" und Prozessmetriken) der Organisation beeinflussen, die erforderliche Kompetenz bestimmen,
- sicherstellen, dass diese Personen auf Grundlage angemessener Ausbildung, Schulung oder Erfahrung kompetent sind,
- wenn erforderlich, Maßnahmen einleiten, um die benötigte Kompetenz zu erwerben, und die Wirksamkeit der getroffenen Maßnahmen zu bewerten.

Angemessene dokumentierte Information muss als Nachweis der Kompetenz verfügbar sein.

ANMERKUNG Geeignete Maßnahmen können zum Beispiel sein: Schulung, Mentoring oder Versetzung von gegenwärtig angestellten Personen, oder Anstellung oder Beauftragung kompetenter Personen.

7.3 Bewusstsein

Personen, die unter Aufsicht der Organisation Tätigkeiten verrichten, müssen sich

- der *Unternehmensgrundsätze* für die betriebliche Steuerung,
- ihres Beitrags zur Wirksamkeit des betrieblichen Steuerungssystems, einschließlich der Vorteile einer verbesserten Steuerungsleistung,
- der Folgen einer Nichterfüllung der Anforderungen des betrieblichen Steuerungssystems

bewusst sein.

7.4 Kommunikation

Die Organisation muss die interne und externe Kommunikation in Bezug auf das betriebliche Steuerungssystem festlegen, einschließlich

- worüber,
- wann,
- mit wem,
- wie

kommuniziert wird.

7.5 Dokumentierte Information

7.5.1 Allgemeines

Das betriebliche Steuerungssystem der Organisation muss beinhalten

a) die von diesem Dokument geforderte dokumentierte Information,

b) dokumentierte Information, welche die Organisation als notwendig für die Wirksamkeit des Steuerungssystems bestimmt hat.

ANMERKUNG: Der Umfang dokumentierter Information für ein Steuerungssystem kann sich von Organisation zu Organisation unterscheiden, und zwar aufgrund

- der Größe der Organisation und der Art ihrer Tätigkeiten, Prozesse, Produkte und Dienstleistungen,
- der Komplexität der Prozesse und deren Wechselwirkungen,
- der Kompetenz von Personen.

7.5.2 Erstellen und Aktualisieren

Beim Erstellen und Aktualisieren dokumentierter Information muss die Organisation

- geeignete Kennzeichnung und Beschreibung (z. B. Titel, Datum, Autor oder Referenznummer),
- geeignetes Format (z. B. Sprache, Softwareversion, Grafiken) und Medium (z. B. Papier, elektronisch),
- geeignete Überprüfung und Genehmigung im Hinblick auf Eignung und Angemessenheit

sicherstellen.

7.5.3 Steuerung dokumentierter Information

Die für das betriebliche Steuerungssystem erforderliche und von diesem Dokument geforderte dokumentierte Information muss gesteuert werden, um sicherzustellen, dass sie

a) verfügbar und für die Verwendung geeignet ist, wo und wann sie benötigt wird,

b) angemessen geschützt wird (z. B. vor Verlust der Vertraulichkeit, unsachgemäßem Gebrauch oder Verlust der Integrität).

Zur Lenkung dokumentierter Information muss die Organisation, falls zutreffend, folgende Tätigkeiten berücksichtigen:

- Verteilung, Zugriff, Auffindung und Verwendung
- Ablage/Speicherung und Erhaltung, einschließlich Erhaltung der Lesbarkeit
- Überwachung von Änderungen (z. B. Versionskontrolle)
- Aufbewahrung und Verfügung über den weiteren Verbleib.

Dokumentierte Information externer Herkunft, die von der Organisation als notwendig für Planung und den Betrieb des betrieblichen Steuerungssystems bestimmt wurde, muss angemessen gekennzeichnet und gesteuert werden.

ANMERKUNG Zugriff kann eine Entscheidung bedeuten, mit der die Erlaubnis erteilt wird, dokumentierte Information lediglich zu lesen oder die Erlaubnis und Befugnis zum Lesen und Ändern dokumentierter Information.

8 Betrieb

8.1 Betriebliche Planung und Steuerung

Die Organisation muss die Prozesse zur Erfüllung der Anforderungen und zur Durchführung der im Abschnitt 6 bestimmten Maßnahmen planen, umsetzen und steuern, indem sie:

- Kriterien für die Prozesse festlegt;
- die Steuerung der Prozesse in Übereinstimmung mit den Kriterien umsetzt;

Dokumentierte Information muss zur Verfügung stehen, damit im notwendigen darauf vertraut werden kann, dass die Prozesse wie geplant durchgeführt wurden.

8.2 Identifikation von Prozessen und Aktivitäten

Die Organisation muss die Prozesse und Aktivitäten festlegen, die notwendig sind, um Folgendes zu erreichen:

a) Übereinstimmung mit den Steuerungsgrundsätzen

b) Erfüllung rechtlicher, gesetzlicher und anderer behördlicher Anforderungen

c) Zielsetzungen ihrer betrieblichen Steuerung

d) Durchführung ihres Steuerungssystems

e) erforderliches Sicherheitsniveau der betrieblichen Steuerung

f) die Integration aller Elemente des Steuerungssystems (s. o. Abschnitt 4.4.2).

8.3 Risikobewertung und -behandlung

Die Organisation muss einen Prozess zur Risikobewertung und Risikobehandlung umsetzen und aufrechterhalten.

ANMERKUNG Dieser Prozess wird in ISO 31000 ausführlich behandelt.

Die Organisation sollte

- ihre Steuerungsrisiken identifizieren und ihnen ihrer Priorität entsprechend die für ihre betriebliche Steuerung erforderlichen Ressourcen zuordnen,
- die ermittelten Risiken analysieren und beurteilen,
- beurteilen, welche Risiken eine Behandlung erfordern,
- Optionen zur Bewältigung dieser Risiken auswählen und umsetzen und
- Pläne zur Behandlung von Risiken erstellen und umsetzen.

ANMERKUNG Risiken in diesem Unterabschnitt beziehen sich auf die Steuerung der Organisation und ihrer interessierten Parteien. Risiken im Zusammenhang mit der Effektivität des Steuerungssystems werden in 6.1 behandelt.

8.4 Kontrollen

Die in 8.2 genannten Prozesse müssen je nach Erfordernis Kontrollen für das Personalmanagement sowie für den Entwurf, die Installation, den Betrieb, die Herstellung und Lieferung von Produkten und Dienstleistungen, sowie der Informationstechnologie beinhalten. Wenn bestehende Regelungen überarbeitet oder neue Regelungen eingeführt werden, die sich auf die betriebliche Steuerung auswirken könnten, muss die Organisation die entsprechenden Risiken vor deren Verwirklichung berücksichtigen. Die zu berücksichtigenden neuen oder überarbeiteten Regelungen müssen Folgendes einschließen:

a) überarbeitete Organisationsstruktur, Aufgaben oder Verantwortlichkeiten
b) Schulung, Bewusstsein und Personalmanagement
c) überarbeitete *Unternehmensgrundsätze*, Ziele, Einzelziele oder Programme zur betrieblichen Steuerung
d) überarbeitete Prozesse und ihre Anwendung
e) die Einführung neuer Infrastruktur, Ausrüstungen oder Technologien, die Hardware und/oder Software umfassen kann
f) die Einführung neuer Auftragnehmer, Zulieferer oder Mitarbeiter, soweit erforderlich.

Die Organisation muss geplante Änderungen steuern sowie die Folgen unbeabsichtigter Änderungen überprüfen und, falls notwendig, Maßnahmen ergreifen, um irgendwelche negativen Auswirkungen zu vermindern.

Die Organisation muss sicherstellen, dass von Dritten bereitgestellte Prozesse, Produkte oder Dienstleistungen, die für das betriebliche Steuerungssystem wichtig sind, gesteuert werden.

8.5 Strategien, Prozesse und Maßnahmen

8.5.1 Identifikation und Auswahl der Strategien und Maßnahmen

Die Organisation sollte systematische Prozesse zur Analyse von Risiken, Schwachstellen und Bedrohungen im Zusammenhang mit der betrieblichen Steuerung einführen und aufrechterhalten. Auf der Grundlage dieser Risiko-, Schwachstellen- und Bedrohungsanalyse und der daraus folgenden Risikobewertung sollte die Organisation eine Strategie für die betriebliche Steuerung identifizieren und auswählen, die aus einem oder mehreren Verfahren, Prozessen und Behandlungen besteht.

Die Festlegung sollte auf Grundlage des Umfangs erfolgen, in dem die Strategien, Verfahren, Prozesse und Maßnahmen

a) die Steuerung der Organisation aufrechterhalten,
b) die Wahrscheinlichkeit von Risiken für die Steuerung verringern,
c) die Wahrscheinlichkeit von Schwachstellen der Steuerung verringern,
d) die Wahrscheinlichkeit verringern, dass eine Bedrohung tatsächlich eintritt,
e) die Dauer von Unzulänglichkeiten der Steuerung verkürzen und deren Auswirkungen begrenzen und
f) die Verfügbarkeit angemessener Ressourcen sicherstellen.

Die Auswahl sollte auf Grundlage des Umfangs erfolgen, in dem die Strategien, Prozesse und Maßnahmen

a) die Anforderungen erfüllen, um die Steuerung der Organisation zu schützen,

b) die Höhe und Art des Risikos berücksichtigen, das die Organisation eingehen darf oder nicht eingehen darf und

c) die damit verbundenen Kosten und Nutzen berücksichtigen.

8.5.2 Festlegen des Ressourcenbedarfs

Die Organisation sollte den Ressourcenbedarf zur Umsetzung der gewählten Verfahren, Prozesse und Maßnahmen ermitteln.

8.5.3 Umsetzung von Strategien, Prozessen und Maßnahmen für die betriebliche Steuerung

Die Organisation sollte ausgewählte Strategien, Prozesse und Maßnahmen für die betriebliche Steuerung umsetzen und aufrechterhalten, damit sie bei Bedarf aktiviert werden können.

8.6 Steuerungspläne

8.6.1 Allgemeines

Die Organisation sollte eine Struktur umsetzen und aufrechterhalten, die eine effiziente und effektive Steuerung der Organisation sowie eine rechtzeitige und effektive Warnung und Kommunikation von steuerungsrelevanten Schwachstellen und Bedrohungen für die betriebliche Steuerung oder laufende Verletzungen der betrieblichen Steuerung an relevante interessierte Parteien ermöglicht. Die Struktur sollte Pläne und Verfahren bereitstellen, um die Steuerung der Organisation zu entwickeln und die Organisation während einer Bedrohung oder einer laufenden Verletzung zu lenken. Identifizierte und dokumentierte Pläne und Verfahren für die betriebliche Steuerung sollten auf den ausgewählten Strategien, Prozessen und Maßnahmen basieren.

8.6.2 Reaktionsstruktur

Die Organisation sollte eine Struktur umsetzen und aufrechterhalten und eine Person oder ein oder mehrere Teams bestimmen, die für die Reaktion auf Schwachstellen sowie Möglichkeiten und Bedrohungen für die betriebliche Steuerung verantwortlich sind. Die Rollen und Verantwortlichkeiten für die bestimmte Person oder jedes Team und die Beziehung zu der Person oder zwischen den Teams sollten klar identifiziert, kommuniziert überwacht, analysiert, bewertet und dokumentiert werden.

8.6.3 Warnung und Kommunikation

Die Organisation sollte Verfahren dokumentieren und aufrechterhalten für die interne und externe Kommunikation mit relevanten interessierten Parteien, auch von steuerungsrelevanten Schwachstellen, Möglichkeiten und Bedrohungen für die betriebliche Steuerung oder laufenden Verletzungen der betrieblichen Steuerung.

ANMERKUNG Die Organisation kann Verfahren dokumentieren und aufrechterhalten, wie und unter welchen Umständen die Organisation mit Mitarbeitern und deren Notfallkontakten kommuniziert.

Gegebenenfalls sollte auch die Herausgabe von Warnmeldungen an interessierte Parteien berücksichtigt, vorbereitet und umgesetzt werden, die potenziell von den Auswirkungen einer eingetretenen oder drohenden Verletzung der betrieblichen Steuerung betroffen sein können. Die Warn- und Kommunikationsverfahren sollten als Teil des Prüfungs- und Übungsprogramms der Organisation durchgeführt werden.

8.6.4 Inhalt des Plans zur betrieblichen Steuerung

Die Organisation sollte Pläne für die betriebliche Steuerung dokumentieren und aufrechterhalten. Diese Pläne sollten auch Anleitungen und Informationen bereitstellen, um Teams bei der Reaktion auf eine Schwachstelle, Bedrohung und/oder Verletzung zu unterstützen und die Organisation bei der betrieblichen Steuerung zu unterstützen.

Insgesamt sollten Pläne zur betrieblichen Steuerung Einzelheiten zu den Maßnahmen enthalten, die die Teams ergreifen werden, um

1) den vereinbarten Grad der Betrieblichen Steuerung zu erreichen und
2) ggf. die Auswirkung der tatsächlichen oder bevorstehenden Bedrohungen sowie der Schwachstellen oder Verletzungen der betrieblichen Steuerung und die Reaktion der Organisation darauf zu überwachen.

Jeder Plan sollte an dem Zeitpunkt und Ort verfügbar sein, an dem er benötigt wird.

8.6.5 Wiederherstellung

Die Organisation sollte über dokumentierte Prozesse zur Wiederherstellung der betrieblichen Steuerung nach jeglichen vor, während oder nach einer Bedrohung, erkannten Schwachstelle, Verletzung oder Unterbrechung der betrieblichen Steuerung vorübergehend eingeführten Maßnahmen verfügen.

9 Bewertung der Leistung

9.1 Überwachung, Messung, Analyse und Bewertung

Die Organisation muss bestimmen,

- was überwacht und gemessen werden muss,
- die Methoden zur Überwachung, Messung, Analyse und Bewertung, sofern zutreffend, um gültige Ergebnisse sicherzustellen,
- wann die Überwachung und Messung durchzuführen ist,
- wann die Ergebnisse der Überwachung und Messung zu analysieren und zu bewerten sind.

Dokumentierte Informationen muss als Nachweis der Ergebnisse zur Verfügung stehen.

Die Organisation muss ihre Steuerungsleistung und die Wirksamkeit ihres betrieblichen Steuerungssystems bewerten.

9.2 Bewertungen

9.2.1 Allgemeines

Die Organisation muss in geplanten Abständen Bewertungen durchführen, um Informationen darüber zur Verfügung zu stellen, ob das betriebliche Steuerungssystem

a) • die eigenen Anforderungen der Organisation an ihr Steuerungssystem,
   • die Anforderungen dieses Dokuments

   erfüllt,

b) wirksam umgesetzt und aufrechterhalten wird.

9.2.2 Interne Bewertungen

Die Organisation muss ein oder mehrere Bewertungsprogramme planen, festlegen, umsetzen und aufrechterhalten, einschließlich der Häufigkeit, Methoden, Verantwortlichkeiten, Anforderungen an die Planung und Berichterstattung.

Anmerkung: Bewertungsprogramme können Auditprogramme nach ISO 19011 oder Arbeitsprogramme nach IPPF sein.

Bei der Entwicklung des Internen Bewertungsprogramms muss die Organisation die Bedeutung der betroffenen Prozesse und die Ergebnisse vorheriger Bewertungen berücksichtigen.

Die Organisation muss

a) die Ziele für die Bewertungen, Kriterien und den Umfang festlegen,

b) Auditoren und Prüfer so auswählen und Bewertungen so durchführen, dass die Objektivität und Unparteilichkeit des Bewertungsprozesses sichergestellt ist,

c) sicherstellen, dass die Ergebnisse der Bewertungen den zuständigen Führungskräften berichtet werden.

Dokumentierte Information muss als Nachweis der Umsetzung des Bewertungsprogramms und der Bewertungsergebnisse zur Verfügung stehen.

9.3 Managementbewertung

9.3.1 Allgemeines

Die oberste Leitung muss das betriebliche Steuerungssystem der Organisation in geplanten Abständen bewerten, um dessen fortdauernde Eignung, Angemessenheit und Wirksamkeit sicherzustellen.

9.3.2 Eingangsdaten für die Managementbewertung

Die Bewertung muss Folgendes enthalten:

a) den Status von Maßnahmen vorheriger Bewertungen

b) Veränderungen bei externen und internen Themen, die das betriebliche Steuerungssystem betreffen

c) Veränderungen in den Anforderungen und Erwartungen interessierter Parteien, die das betriebliche Steuerungssystem betreffen

d) Informationen über die Steuerungsleistung, einschließlich Entwicklungen bei:

- Nichtkonformitäten und Korrekturmaßnahmen
- Ergebnissen von Überwachungen und Messungen
- Bewertungsergebnissen
- der fortlaufenden Verbesserung.

9.3.3 Ergebnisse der Managementbewertung

Die Ergebnisse der Managementbewertung müssen Entscheidungen zu Möglichkeiten der fortlaufenden Verbesserung sowie zu jeglichem Änderungsbedarf am betrieblichen Steuerungssystem enthalten.

Dokumentierte Information muss als Nachweis der Ergebnisse der Managementbewertung zur Verfügung stehen.

10 Verbesserung

10.1 Fortlaufende Verbesserung

Die Organisation muss die Eignung, Angemessenheit und Wirksamkeit des betrieblichen Steuerungssystems fortlaufend verbessern.

10.2 Nichtkonformität und Korrekturmaßnahmen

Wenn eine Nichtkonformität auftritt, muss die Organisation

a) darauf reagieren und, falls zutreffend,
   - Maßnahmen zur Steuerung und zur Korrektur ergreifen,
   - mit den Folgen umgehen,

b) die Notwendigkeit von Maßnahmen zur Beseitigung der Ursache(n) von Nichtkonformität bewerten, damit diese nicht erneut oder an anderer Stelle auftritt, und zwar durch
   - Überprüfen der Nichtkonformität,
   - Bestimmen der Ursachen der Nichtkonformität,
   - Bestimmen, ob vergleichbare Nichtkonformitäten bestehen, oder möglicherweise auftreten könnten,

c) jegliche erforderliche Maßnahme einleiten,

d) die Wirksamkeit jeglicher ergriffener Korrekturmaßnahme überprüfen,

e) sofern erforderlich, das betriebliche Steuerungssystem ändern.

Korrekturmaßnahmen müssen den Auswirkungen der aufgetretenen Nichtkonformitäten angemessen sein.

Dokumentierte Information muss zur Verfügung stehen als Nachweis von

- der Art der Nichtkonformität sowie jeder daraufhin getroffenen Maßnahme,
- den Ergebnissen jeder Korrekturmaßnahme.

Anhang A2: Die Teilprozesse zur Aufrechterhaltung der Betriebsfähigkeit nach DIN EN ISO 22301

Der Gesamtfahrplan zur Aufrechterhaltung der Betriebsfähigkeit als Teil der Resilienz beginnt mit der Entscheidung zur Entwicklung eines Business Continuity Management Systems – BCMS) gefolgt von vier Teilprozessen, die in der ISO-Terminologie als »Managementsystem Prozesse« bezeichnet werden, sieben Teilprozessen, die »betriebliche Planungs- und Steuerungsprozesse« sind, und zwei Teilprozessen, die als »Bewertungsprozesse« bezeichnet werden. Für einen schnellen Überblick ist der Gesamtprozess als **vereinfachte** Ereignisgesteuerte Prozesskette (EPK) dargestellt, die nur die Aktivitäten (Teilprozesse) und die Anfangs- und Endsituation zeigt.

A Managementsystemprozesse für das BCMS

Die Anforderungen an die vier Managementsystem-Prozesse für das BCMS können den Abschnitten 4 bis 7 der DIN EN ISO 22301 entnommen werden:

1) Ermittlung des Umfeldes des Unternehmens:

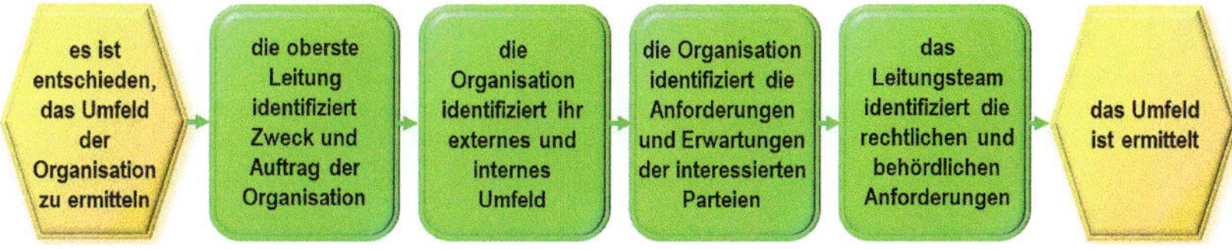

2) Nachweis der Führung:

3) Planung

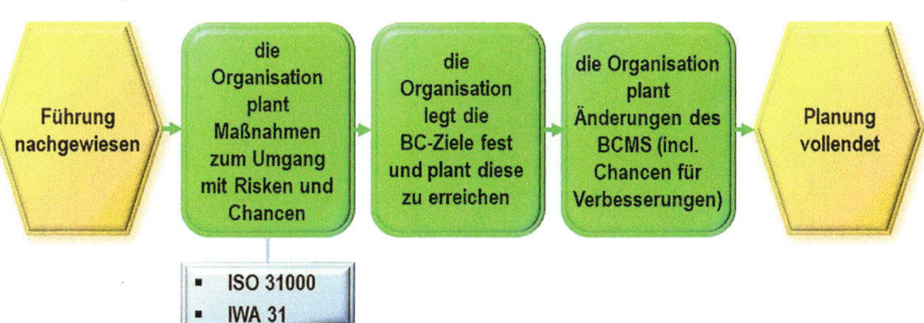

4) Unterstützung

B Betriebliche Planungs- und Steuerungsprozesse für das BCMS

Die Anforderungen für die sieben betrieblichen Planungs- und Steuerungsprozesse für das BCMS können den Abschnitten 8.2 bis 8.5 der DIN EN ISO 22301 zu entnehmen:

1) Business Impact Analyse:

2) Risikobeurteilung

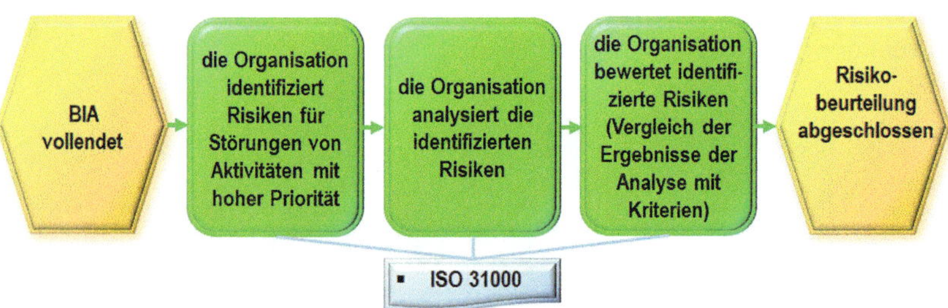

3) Strategien und Lösungen auswählen

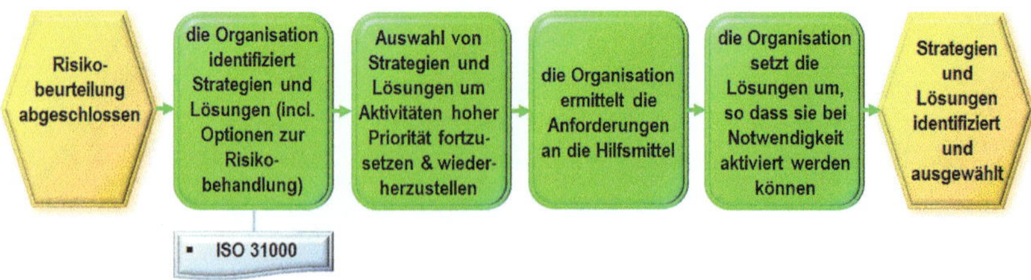

4) Reaktionsstruktur umsetzen

5) Warnung und Kommunikation

6) Einrichtung eines Business Continuity Plans

7) Übungen

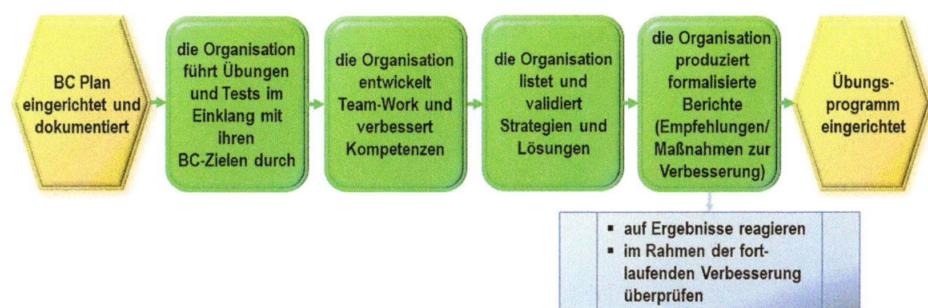

C Prozesse zur Bewertung der Leistung in einem BCMS

Die DIN EN ISO 22301 kennt zwei Arten der Bewertung, die sich in ihrem Gegenstand unterscheiden. Die Anforderungen sind in den Abschnitten 8.6 und 9 der Norm dargestellt.

- Bewertung von Dokumentation und Fähigkeiten der Aufrechterhaltung der Betriebsfähigkeit (Abschnitt 8.6)
- Leistungsbewertung des BCMS (Abschnitt 9).

1) Bewertung von Dokumentation und Fähigkeiten der Aufrechterhaltung der Betriebsfähigkeit

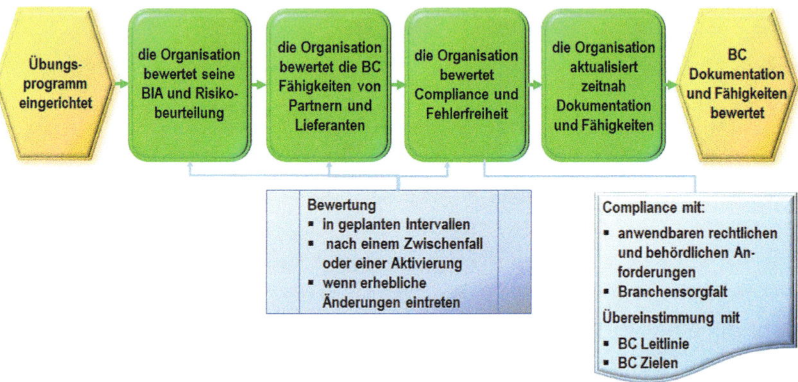

2) Leistungsbewertung des BCMS

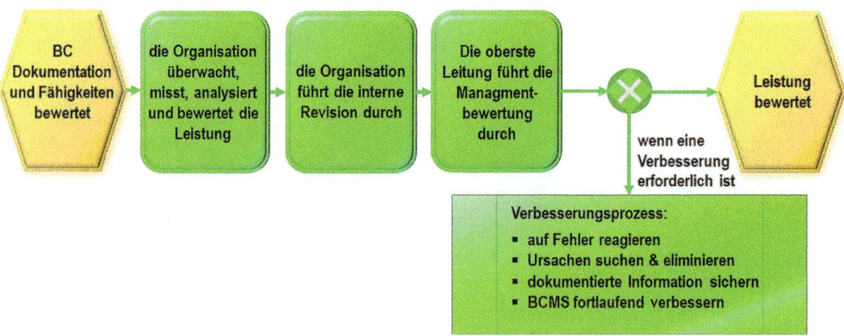

Anhang A3: Lückenmatrix zur DIN EN ISO 22301 (Aufrechterhaltung der Betriebsfähigkeit) – beispielhaft befüllter Auszug

Abschnitt der Norm	Titel des Abschnitts	Anforderung	Arbeitsvermerke	Dokument	gelebtes System	Status
			Erklärung/Legende:			nicht erfüllt
			[In dieser Spalte vermerken, was im Rahmen der Lückenanalyse gemacht wurde]	*[Verweis auf Dokumente der Organisation]*	*[nicht dokumentiertes aber einheitliches Verhalten]*	teils erfüllt
						erfüllt
						nicht relevant
						noch offen
4	Kontext der Organisation					
4.1	Verstehen der Organisation und ihres Kontextes	Bestimmung der externen und internen Themen, die für die Zwecke der Organisation relevant sind und sich auf die beabsichtigten Ergebnisse des BCMS auswirken	Die Organisation hat in Workshops der Führungskräfte die relevanten Themen identifiziert	D 02-001		
4.2	Verstehen der Erfordernisse und Erwartungen interessierter Parteien					
4.2.1	Allgemeines	Bestimmung der für das BCMS relevanten interessierten Parteien und Ihrer Anforderungen	Die Organisation hat in Workshops der Führungskräfte die interessierten Parteien und ihre Anforderungen identifiziert	D 03-001		
4.2.2	Rechtliche und behördliche Anforderungen	• Prozess zur Ermittlung der geltenden rechtlichen und behördlichen Anforderungen an Produkte, Dienstleitungen, Tätigkeiten und Ressourcen umsetzen und aufrechterhalten	Die Organisation hat in einem Führungskräfte Workshop einen Prozess zur Ermittlung der Anforderungen modelliert und die Belegschaft geschult	D 03-002		
		• Berücksichtigung der rechtlichen, behördlichen und anderen Anforderungen bei der Umsetzung und Aufrechterhaltung des BCMS sicherstellen			Die Belegschaft kennt wesentliche, aber nicht alle Anforderungen und berücksichtigt diese "as best as can" im Rahmen des Tagesgeschäfts	
		• Informationen dazu dokumentieren und auf aktuellem Stand halten	Keine dokumentierten Informationen vorhanden			
4.3	Festlegung des Anwendungsbereichs des BCMS					
4.3.1	Allgemeines	Bestimmung der Grenzen und der Anwendbarkeit des BCMS zur Festlegung des Anwendungsbereichs	Noch nicht bearbeitet			
		Verfügbarkeit des Anwendungsbereichs als dokumentierte Information	s.o.			
4.3.2	Anwendungsbereich des BCMS	Festlegung der Teile der Organisation, die in das BCMS aufgenommen werden sollen	s.o.			
		Ermittlung der Produkte und Dienstleistungen, die in das BCMS aufgenommen werden sollen	s.o.			
		Ausschlüsse (die die Fähigkeit zur Aufrechterhaltung der Betriebsfähigkeit nicht beeinträchtigen dürfen) dokumentieren und erklären	Es soll keine Ausschlüsse geben			
4.4	Steuerungssystem zur Aufrechterhaltung der Betriebsfähigkeit	Aufbau, Umsetzung, Aufrechterhaltung und fortlaufende Verbesserung eines BCMS, das den Anforderungen der DIN EN ISO 22301 entspricht (einschließlich der benötigten Prozesse)	Noch nicht gestartet			
5	Führung					
5.1	Führung und Verpflichtung	Die oberste Leitung muss Führung und Verpflichtung zeigen indem sie				
		a) Leitlinien und Ziele zur Aufrechterhaltung der Betriebsfähigkeit festlegt	Die obsterste Leitung hat Leitlinie und Ziele des BCMS festgelegt und dokumentiert	D 2-002		
		b) sicherstellt, dass die Anforderungen des BCMS in die Geschäftsprozesse integriert werden			Die Belegschaft wendet BCM-Anforderungen intuitiv an und berücksichtigt diese "as best as can" im Rahmen des Tagesgeschäfts	
		c) sicherstellt, dass die erforderlichen Ressourcen zur Verfügung stehen			Ressourcen werden "as best as can" im Rahmen des Tagesgeschäfts für die Integration von BCM-Anforderungen verwendet	
		d) die Bedeutung des BCMS und die Erfüllung seiner Anforderungen vermittelt	bisher nur den Führungskräften, nicht aber der gesamten Belegschaft vermittelt			
		e) sicherstellt, das das BCMS die beabsichtigten Ergebnisse erzielt	Noch nicht bearbeitet			
		f) die Belegschaft anleitet und unterstützt	Noch nicht bearbeitet			
		g) fortlaufende Verbesserung fördert	Noch nicht bearbeitet			
		h) die relevanten Führungskräfte unterstützt, um deren Führungsrolle deutlich zu machen	Thema wird bereits in den wöchentlichen Sitzungen mit den Führungskräften besprochen			
5.2	Politik (Leitlinie)					
5.2.1	Festlegung der Politik zur Aufrechterhaltung der Betriebsfähigkeit	Festlegung der Leitlinie zur Aufrechterhaltung der Betriebsfähigkeit	s.o.	D 2-002		
5.2.2	Bekanntmachung der Politik (Leitlinie)	Bekanntmachung der Leitlinie zur Aufrechterhaltung der Betriebsfähigkeit als dokumentierte Information	Die Leitlinie ist bisher nur mit den Führungskräften besprochen (s.o.)			
5.3	Rollen, Verantwortlichkeiten und Befugnisse in der Organisation	Zuweisung und Bekanntmachung der Verantwortlichkeiten und Befugnisse für die relevanten Rollen			Die relevanten Führungskräfte haben Verantwortung intuitiv übernommen und z.T. mit der Obersten Leitung abgestimmt.	
...						

Anhang A4: Aggregation der Lückenanalysen zu ISO 22301, VN ABSS, ISO 31000 und ISO 37000 – beispielhaft befüllter Auszug

Legende:
- nicht erfüllt
- teils erfüllt
- erfüllt
- nicht relevant
- noch offen

Legende zur Spalte „Thema“:
- ISO 22301 e.a.
- nur VN ABSS
- nur ISO 31000
- nur ISO 37000
- VN ABSS & ISO 31000

Bewertung der Umsetzung der einzelnen Normen						Bewertung und Verbesserung der Integration				Status nach Umsetzung
ISO 22301	VN ABSS	ISO 31000	ISO 37000	Thema	Anforderung	Status	empfohlene Maßnahme und deren Ziel	verantwortlich	Fälligkeit	
4	4			Kontext der Organisation						
4.1	4.1	5.4.1	7.1.3	Verstehen der Organisation und ihres Kontextes / Purpose	Bestimmung der externen und internen Themen, die für die Zwecke der Organisation relevant sind und sich auf die beabsichtigten Ergebnisse des Steuerungssystems auswirken					
4.2	4.2			Verstehen der Erfordernisse und Erwartungen interessierter Parteien						
4.2.1					Bestimmung der für das BCMS relevanten interessierten Parteien und Ihrer Anforderungen					
4.2.2					a) Prozess zur Ermittlung der geltenden rechtlichen und behördlichen Anforderungen an Produkte, Dienstleistungen, Tätigkeiten und Ressourcen umsetzten und aufrechterhalten					
					b) Berücksichtigung der rechtlichen, behördlichen und anderen Anforderungen bei der Umsetzung und Aufrechterhaltung des BCMS sicherstellen		für die Aktualisierung aller Prozesse sorgen	Oberste Leitung	1 Monat	
					c) Informationen dazu dokumentieren und auf aktuellem Stand halten		Checkliste der geltenden rechtlichen und behördlichen Anforderungen erstellen	Teamleiter Backoffice	3 Monate	
			4.3	Governance and Stakeholders						
4.3				Festlegung des Anwendungsbereichs des BCM						
	4.3			Festlegung des Anwendungsbereichs des betrieblichen Steuerungssystems						
4.3.1					Bestimmung der Grenzen und der Anwendbarkeit des BCMS zur Festlegung des Anwendungsbereichs			Oberste Leitung	1 Monat	
					Verfügbarkeit des Anwendungsbereichs als dokumentierte Information			Oberste Leitung	2 Monate	
4.3.2					Festlegung der Teile der Organisation, die in das BCMS aufgenommen werden sollen			Oberste Leitung	2 Monate	
					Ermittlung der Produkte und Dienstleistungen, die in das BCMS aufgenommen werden sollen			Oberste Leitung	2 Monate	
					Ausschlüsse (die die Fähigkeit zur Aufrechterhaltung der Betriebsfähigkeit nicht beeinträchtigen dürfen) dokumentieren und erklären		keine Ausschlüsse			
4.4				Steuerungssystem zur Aufrechterhaltung der Betriebsfähigkeit	Aufbau, Umsetzung, Aufrechterhaltung und fortlaufende Verbesserung eines BCMS, das den Anforderungen der DIN EN ISO 22301 entspricht (einschließlich der benötigten Prozesse)		BCMS und dafür erforderliche Prozesse vollständig konzipieren/modellieren, implementieren und dokumentieren	Teamleiter und Berater	6 Monate	
	4.4			Betriebliches Steuerungssystem	Aufbau, Umsetzung, Aufrechterhaltung und fortlaufende Verbesserung eines betrieblichen Steuerungssystems		alle Teile des Steuerungssystems integrieren	Teamleiter und Berater	9 Monate	
		5.5		Risikomanagement implementieren			Risikomanagement in das Steuerungssystem integrieren	Teamleiter und Berater	9 Monate	
			7.4	Überwachung			alle Teile des Steuerungssystems integrieren	Teamleiter und Berater	9 Monate	
	4.4.2	5.3		Integration von Steuerungssystemen und Risikomanagement			alle Teile des Steuerungssystems integrieren	Teamleiter und Berater	9 Monate	
			7.9	Risikosteuerung			alle Teile des Steuerungssystems integrieren	Teamleiter und Berater	10 Monate	
	4.5	4		Grundsätze						
	4.5.1	4	7.2	Werte schaffen / Value generation			Grundsatz kommunizieren und implementieren	Oberste Leitung und Teamleiter	3 Monate	
	4.5.2		7.5	Führung / Verantwortlichkeit						
			7.8	Daten und Entscheidungen						
	4.5.3	4 f)		Prozessansatz basierend auf den besten verfügbaren Informationen						
	4.5.4	4 c)		Individuelle Anpassung						